人生即旷野。
将向往的地方，变成脚下的路。
致敬每一位旅人，愿每个人，都能抵达心中的自由与远方。

自驾
川滇藏

让规划更高效
让旅行更自由

地理公社 编著

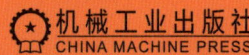

旅行的本质，
是源于远方对内心的召唤

凡是遥远的地方
对我们都是一种诱惑
不是诱惑于美丽
就是诱惑于传说

中国有着璀璨的山水文化
从星垂平野阔到大漠孤烟直
从窗含西岭千秋雪到黄河之水天上来
千古绝唱
浸润着每个中国人的精神世界

中国有着全世界最为完整的自然带
从热带雨林到永久冰雪带
从东海之滨到帕米尔高原
华夏大地丰富的景观带
山高水长
串连起中华大地的万千风景

中国有着庞大的公路系统
惊人的汽车保有量
便捷、自由、私密
自驾游已成为国人出行的首选

每天
都有成千上万的人开启属于他们的旅程
每一个远方
都寄托着人们心底关于自由的渴望

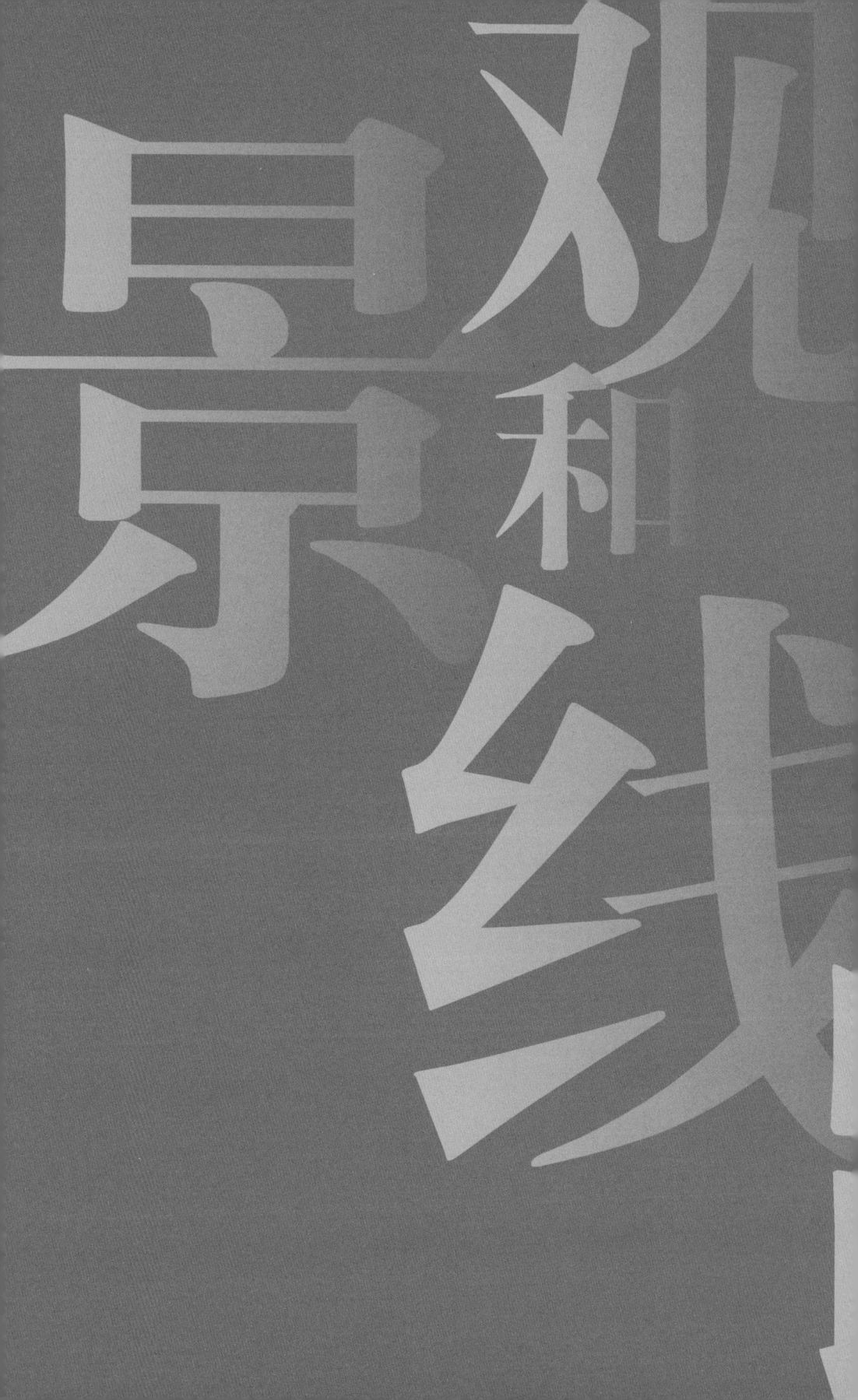

全民自驾时代，
怎样高效地制订旅行计划

全民自驾时代正在到来
如何在碎片化的海量推送中获取准确信息
如何制订完美的旅行计划
却成为每一个人的难题

工欲善其事必先利其器
在这本书中
你将看到纵横川滇藏的4条经典自驾长线
14条热门自驾短线
7条代表性徒步路线

我们将自驾行程与地理景观结合
规划出沿途14个景观中心
共包括544处标志景观
384座代表性山峰
所有信息
通过52张地图详细标注
并由百张摄影师力作及文字生动展现

景观中心的模块化整合
使得海量点位井然有序方便查阅
全行程海拔标注及风险等级提示
为自驾出行提供全方位安全保障
我们还深入解读代表性景观的地理逻辑
让旅行回归应有的广度与深度

出发吧！
自驾中国，从川滇藏开启。

1 打开本书，确定出行线路。在川滇藏区域，无论是自驾、骑行还是其他自助游，川藏南线、川藏北线、川藏中线以及滇藏线是最重要的4条长线。

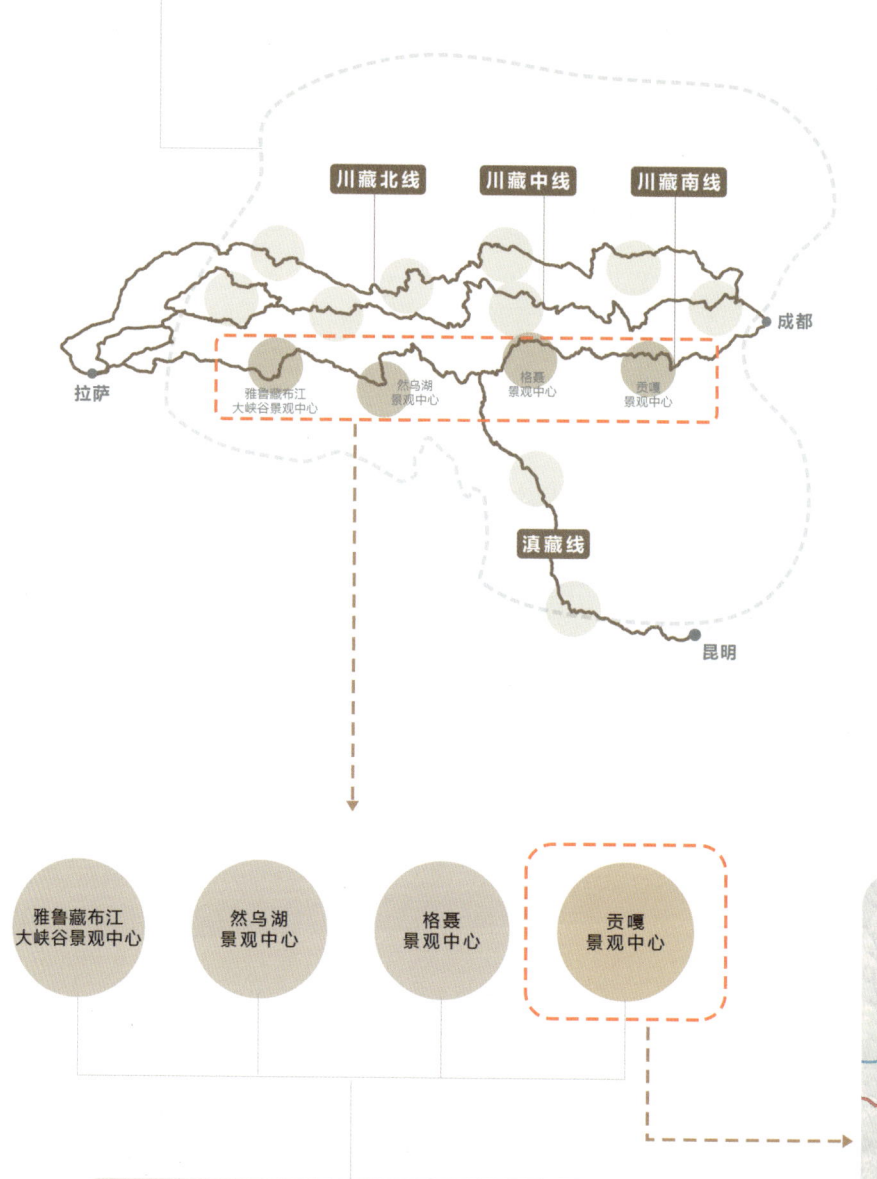

2 结合人们出行的需求，我们将每一条长线按照景观分布特点划分了4个景观中心。以川藏南线为例，每个景观中心跨度约为300公里，适合2到3天的行程。

阅读说明书 长线

4 牛背山

二郎山口南边不远，就是牛背山。它因山顶悬崖巨石凸出似牛首，山脊细长如牛背而得名。海拔3666米的牛背山，因为独特的地形，在此可360°全方位观赏云海星轨、日出日落、奔腾云瀑和巍峨雪山，所以牛背山也有"中国最大观景平台""最美云海仙境"以及"摄影圣地"等美誉。

⑧ 雅拉雪山 5820 — ⑦ 折多山垭口 4304 — ⑥ 贡嘎山 7508.9 — ⑤ 二郎山 — ④ 牛背山 — ③ 天全服务区/雅叶高速 — ② 雅安大本营/自驾318 — ① 平乐古镇

3 在每个景观中心详图上，我们标注了20到50个标志景观，并精选出8个推荐景观，辅以文字说明及景观图片，便于读者根据喜好安排行程。

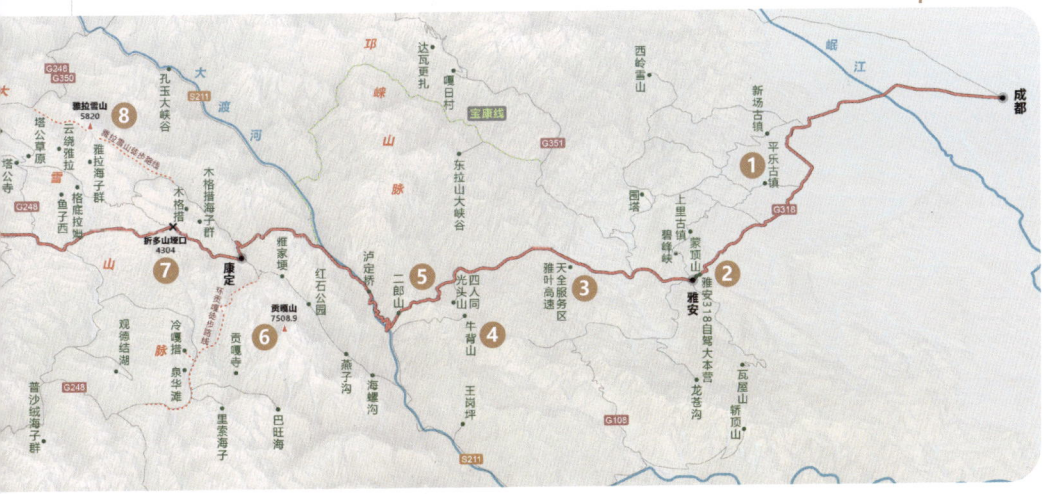

自驾短线

徒步路线

短线及地理逻辑

所有未知的美丽，都来自勇敢者的一次次冒险。在川藏南线、川藏中线、川藏北线以及滇藏线等传统长线之外，自驾爱好者用他们的热血和勇气，开拓了宝康线、理小路、格聂南线、麦当劳线等14条经典自驾短线。

伴随着旅游热潮的兴起，这片被岁月的风霜雨雪深深侵蚀的峡谷地带迎来了地理大发现的黄金时代。本书对到中国观景平台之乡、昌都红层地貌、三江并流、中国巨树中心的旅行背后的地理逻辑做了深度解读。

茶马古道如同一张巨网，覆盖了川滇藏的每一个角落。20世纪90年代以后，热爱户外的徒步旅行者依托这些古道，开拓了一条条经典的徒步路线，我们精选他念他翁盐登线、格聂C环线、萨普环线、梅里外转线等7条徒步路线制作高清卫星图和详尽行程。

目录

序
阅读说明书

1 中国美丽新世界
11 从这里出发

17 川藏南线
横跨七脉六江的史诗之路

20 贡嘎景观中心
24 雅安：中国观景平台之乡 ▲
26 宝康线：川版独库公路 ●
28 贡嘎西坡经典徒步路线 ▲
32 格聂景观中心
36 格聂：横断之心 ▲
38 格聂南线自驾 ●
40 然乌湖景观中心
44 他念他翁徒步路线 ▲
46 丙察察：即将消失的勇士之路 ●
50 雅鲁藏布江大峡谷景观中心
54 中国藏东南：世界第二巨树中心 ▲

57 川藏北线
藏地秘境的朝圣之路

60 太阳河谷景观中心
64 理小路：川西阿勒泰 ●
68 阿科里海子群：大地的眼泪 ▲
70 雀儿山景观中心
74 阿色丹霞：川西高原的红色奇观 ●
76 昌都景观中心
80 红层地貌：壮阔而瑰丽的大地调色板 ▲
82 布加雪山景观中心
86 布加雪山：藏东最后的秘境 ●

89　川藏中线
隐世秘境的终极穿越

92 四姑娘山景观中心
96 丹道环线：川西终极公路 ●
98 川西大环线：最近的遥远 ●
102 白玉景观中心
106 甘白线：中国绝美县道 ●
107 麦当劳线：热血铸就的传奇 ●
110 洛隆景观中心
114 三色湖：念青唐古拉南麓的幻彩仙境 ●
118 萨普雪山景观中心
122 萨普：雪山深处的伊甸园 ●
124 萨普徒步路线 ▲
126 麦地卡线：穿越高海拔湿地 ●

131　滇藏线
从彩云之南到雪域高原

134 大理景观中心
138 虎跳峡徒步 ▲
140 香格里拉景观中心
144 三江并流 ▲
146 梅里雪山徒步 ▲
150 泸亚线：100年，重走洛克路 ●

152　附录
152 附录A　川滇藏自驾路线的高原反应及路线选择
156 附录B　川滇藏百花汇：横断山域高山野生花卉名称对照图谱
158 附录C　川滇藏百花汇：横断山域高山野生花卉观赏地点及路线
160 附录D　川滇藏主要山峰分布图

● 短线　　▲ 徒步路线　　▲ 地理逻辑

快速定位

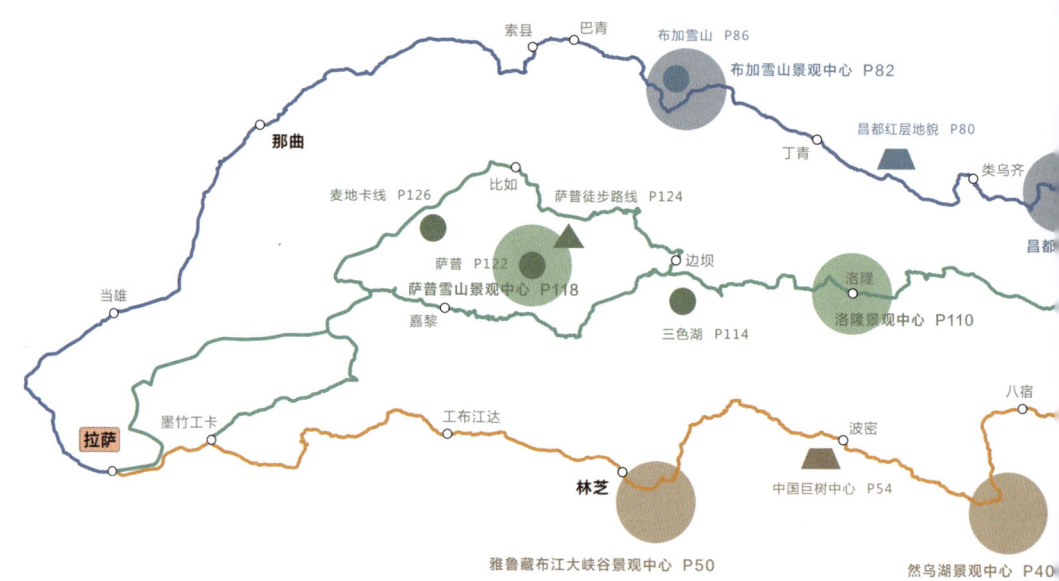

图片索引

2 大横断位置图
4 川滇藏全景卫星图
6 川滇藏自驾旅行图
13 四川盆地地形图
14 成都可见山峰全景图
18 川藏南线景观中心分布图
20 贡嘎景观中心图
24 雅安观景平台分布图
27 宝康线路线图
30 环贡嘎自驾及徒步路线图
32 格聂景观中心图
37 格聂徒步路线图
39 格聂南线自驾路线图
40 然乌湖景观中心图
45 他念他翁徒步路线图
47 丙察察、丙察左路线图
50 雅鲁藏布江大峡谷景观中心图
55 中国巨树分布图
58 川藏北线景观中心分布图

60 太阳河谷景观中心图
64 理小路路线图
69 阿科里海子群路线图
70 雀儿山景观中心图
74 阿色丹霞自驾路线图
77 昌都景观中心图
81 横断山区主要丹霞地貌及红层分布图
82 布加雪山景观中心图
86 布加冰川自驾路线图
90 川藏中线景观中心分布图
92 四姑娘山景观中心图
97 丹道环线路线图
101 川西大环线路线图
102 白玉景观中心图
107 甘白线与G317环线路线图
109 麦当劳线路线图
110 洛隆景观中心图
115 三色湖自驾路线图
118 萨普雪山景观中心图

123 萨普自驾路线图
124 萨普徒步路线图
128 麦地卡湿地穿越路线图
132 滇藏线景观中心分布图
134 大理景观中心图
138 虎跳峡徒步路线图
141 香格里拉景观中心图
145 三江并流示意图
149 梅里雪山徒步路线图
151 泸亚自驾路线图
154 川滇藏自驾路线海拔与高原反应及点对应关系图
156 川滇藏百花汇：横断山域高山野生卉名称对照图谱
158 川滇藏百花汇：横断山域高山野生卉观赏地点及路线
160 川滇藏主要山峰分布图
川藏南线、川藏北线及川藏中线全景（包封）
滇藏线全景图（包封）

雅鲁藏布江河谷　摄影/刘彦斌

美丽新世界

2005年10月
久负盛名的《中国国家地理》杂志
曾推出"选美中国"特辑
这次颠覆传统认知的中国美景评选阵容豪华
5个专业委员会
200多位专家
按照山峰、冰川、湖泊等17个类别
选出114个"中国最美的地方"

在这其中
中国川滇藏三省交界处的
大横断地区
集中了22处上榜景观
全国17个类别的单项冠军
大横断独揽5金
以无可争议的优势
成为中国美景极为丰富和独特的区域之一

骑行
格聂南线
四姑娘山
贡嘎
自由
自驾
成都
川滇藏
香格里拉
远
川西大环线
泸亚线
虎跳峡
徒步
麦当劳线
理小路
他念他翁
布加冰川
雀儿山
三色湖
G317
梅里雪山
丹道线
大理
萨普
丙察察
麦地卡湿地
G318

川滇藏
大横断
大香格里拉
三大旅行区在地理范围上
天然重合
它们包括四川西部
云南北部
西藏东部
以及青海、甘肃、贵州的一小部分
在这100万平方公里的雪山峡谷间
九寨沟、贡嘎山、稻城亚丁、南迦巴瓦
从中随意选取一处
都是耳熟能详的世界级景观

大理、丽江、西昌
一处处浸透着诗意与温润的城市
川藏线、滇藏线、成昆线
一条条象征着自由和远方的景观大道
还有那些隐藏在雪峰间的海子
千万种色彩斑斓的花朵
当地原住民崇拜的神山圣湖
共同构成探索者的
香格里拉
也成为很多人心中向往的精神寄托之地

从这里出发

成都：进藏，从这里开始

要进入川滇藏核心地带，成都是最重要的出发地。

作为中国西部的交通枢纽，成都拥有双国际机场、密集的铁路网和高速公路体系。

如今，人们对成都的认知，不止停留在锦官城、三星堆、大熊猫以及热辣美食，"雪山下的公园城市"也越来越深入人心。

"暮倚高楼对雪峰，僧来不语自鸣钟"，雪山下的诗意栖居，对于多数人只是一个传奇，而对于成都人来说，最美的风景从来就不在远方。

成都，作为全球唯一能看到海拔6000米级雪山的超大城市，得益于其独特的区位。

中国地势分为三个阶梯，西高东低。第一级阶梯主要分布在青藏高原，平均海拔在4000米以上；第二级阶梯主要分布在盆地和高原，海拔多在1000～2000米；第三级阶梯主要分布在我国东部平原和丘陵，海拔多在500米以下。

成都，就处于第二级阶梯上的盆地之中。

这种以盆地形式跨越过渡地带的极端地理组合，一方面使得成都与青藏高原东缘海拔7000余米的皑皑雪峰毗邻而居，造就了无与伦比的雪山天际线；另一方面，500余米的平均海拔，又同长江中下游的低海拔广袤平原一般无二，占尽平原优渥，这种地理优势，在全球也属独一无二。

在成都遥望的千里横断，是近100万平方公里的深幽峡谷和雪山草原，这里分布着海拔7000米级的王者之峰贡嘎山，被冠以雪峰丛林的念青唐古拉山脉，冰川纵横的岗日嘎布山脉以及花岗岩塔峰遍布的邛崃山脉。

这就是成都，当你抵达这里，就意味着可以自由规划行程，在都市与雪山冰川之间穿梭，也正因为其独特的地理位置以及交通、文化、服务等方面的综合优势，成都，已成为人们心中不可替代的"进藏门户"。

四川盆地地形图

成都所在的四川盆地平均海拔仅500余米，四周皆为高山，相当于在海拔1000余米的第二级阶梯上挖了一个直径500公里的大坑，将第一级阶梯和第三级阶梯直接相连。

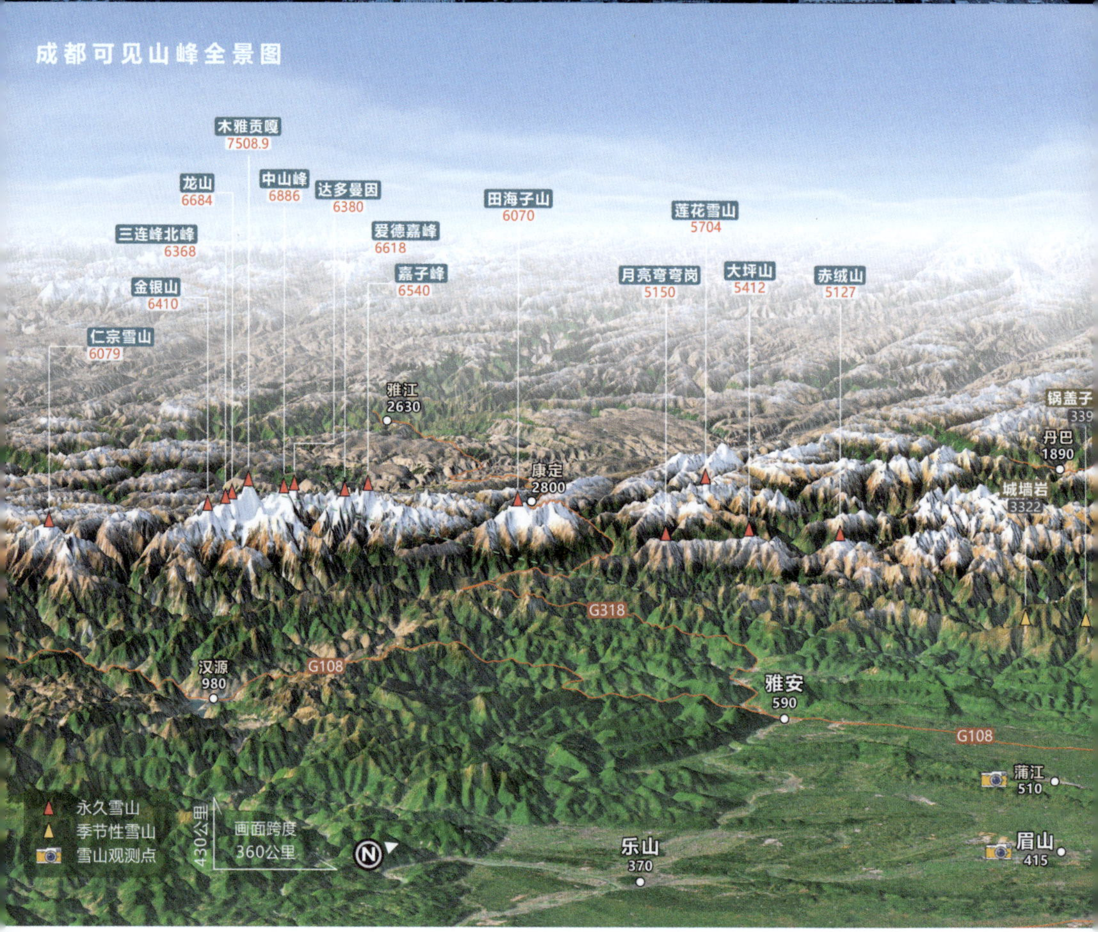

成都可见山峰全景图

- 木雅贡嘎 7508.9
- 龙山 6684
- 中山峰 6886
- 达多曼因 6380
- 田海子山 6070
- 莲花雪山 5704
- 三连峰北峰 6368
- 爱德嘉峰 6618
- 金银山 6410
- 嘉子峰 6540
- 月亮弯弯岗 5150
- 大坪山 5412
- 赤城山 5127
- 仁宗雪山 6079
- 雅江 2630
- 康定 2800
- 锅盖子 339
- 丹巴 1890
- 城墙岩 3322
- 汉源 980
- G108
- G318
- 雅安 590
- G108
- 蒲江 510
- 乐山 370
- 眉山 415

- ▲ 永久雪山
- ▲ 季节性雪山
- 📷 雪山观测点

画面跨度 360公里

成都周边的雪山，不时显现真容。"练练峰上雪，纤纤云表霓"，在成都遥望雪山，大雪塘、幺妹峰、贡嘎，不论是犹抱琵琶还是群山在线，雪山与城市交相辉映的美景，惊艳了所有人。

摄影 / 吴林

成都的天际线由低山、中山、高山、极高山层层递进构成，绵延300公里，气势恢宏。海拔7508.9米的贡嘎山作为中国最靠近东部的一座海拔7000米级雪峰，以蜀山之王的姿态傲视群峰，而蜀山之后海拔6247.8米的四姑娘山幺妹峰，则一如既往的挺拔峻峭，冠绝群山。

海子山姊妹湖 摄影/

川藏南线

横跨七脉六江的史诗之路

在中国版图的西南腹地，横亘着一条雪峰与峡谷交织的奇迹之路。

它始于成都平原的烟火巷陌，止于雪域高原的神山圣湖；它以2103公里的蜿蜒轨迹，凿穿横断山脉的道道山脊，将四川盆地的温润与青藏高原的凛冽悄然连接。

横断山脉，作为我国第一阶梯向第二阶梯的过渡地带，七脉列行，横断东西。造物之力铸就的复杂地形，孕育出中国最为丰富的自然景观。编号为318的国道，在此穿越地球上最密集的峡谷群，串连起二郎山的云海、折多山的经幡、然乌湖的碧波和米堆冰川极致的蓝冰世界。这里，不仅是地理教科书的立体版，更是一部镌刻着板块运动密码与人类生存智慧的壮丽史诗。

川藏南线景观中心分布图

雅鲁藏布江大峡谷景观中心

然乌湖景观中心

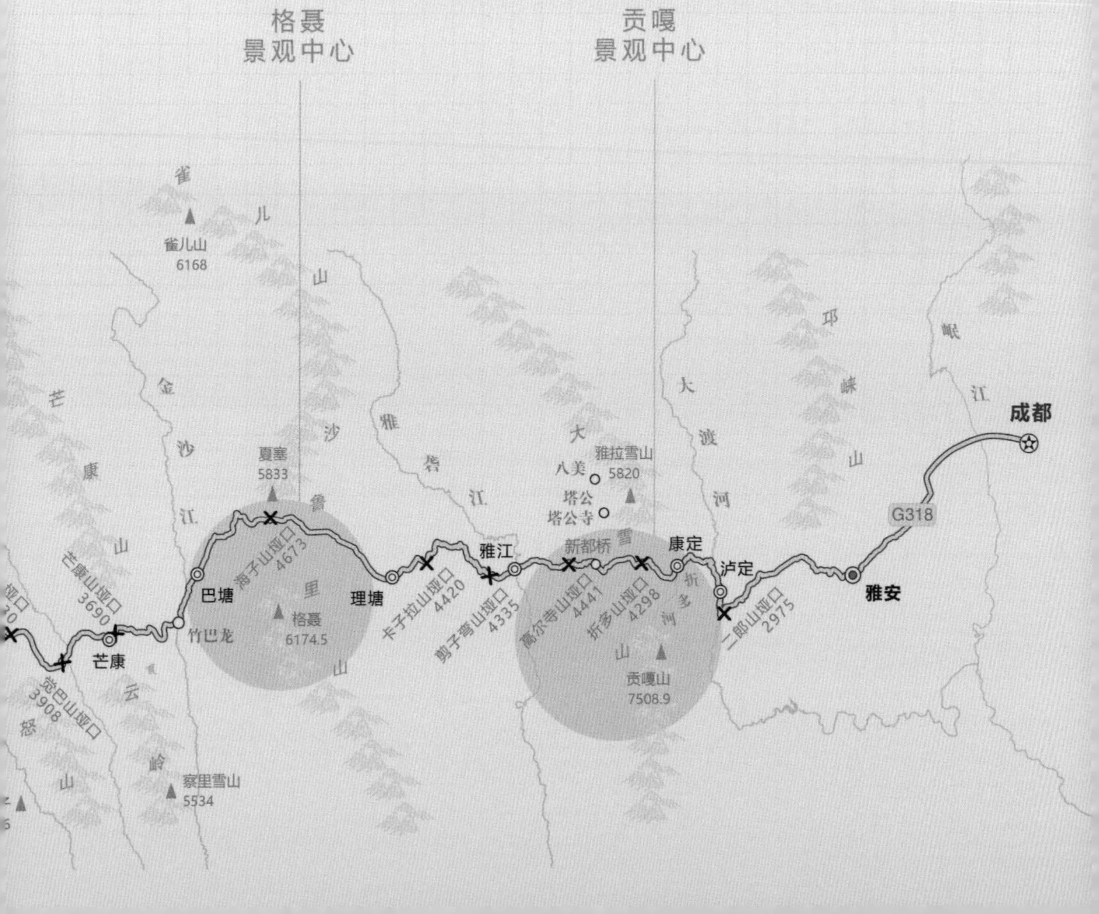
格聂
景观中心
贡嘎
景观中心
雀
儿
山
雀儿山
6168
金
沙
江
芒
康
山
沙
鲁
里
山
夏塞
5833
海子山垭口
4673
巴塘
竹巴龙
格聂
6174.5
理塘
雅
砻
江
卡子拉山垭口
4420
剪子弯山垭口
4335
雅江
大
雪
山
八美
塔公
塔公寺
雅拉雪山
5820
新都桥
高尔寺山垭口
4441
折多山垭口
4298
折
多
河
贡嘎山
7508.9
康定
大
渡
河
泸定
二郎山垭口
2975
邛
崃
山
岷
江
成都
G318
雅安
芒康山垭口
3690
芒康
觉巴山垭口
3908
云
岭
怒
山
察里雪山
5534

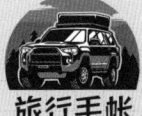

贡嘎景观中心

❶ 平乐古镇

从成都出发至雅安，高速公路十分便捷，但沿途景观变化不大。如果时间充裕，可选择走省道，可顺道游览"川西坝子"大邑新场古镇、"川西水乡"平乐古镇，以及南方丝绸之路的重要驿站雅安上里古镇，也可以去中国茶文化的发祥地蒙顶山，感受一下"扬子江心水，蒙山顶上茶"的茶香清韵。

❷ 雅安318自驾大本营

1950年4月，康藏公路在金鸡关动工，1954年公路通车，当时的西康省省会雅安由此成为康藏公路0公里起点。1955年，西康省撤销，康藏公路改称为川藏公路。318自驾大本营设置有川藏线0公里始发广场，其中，"老解放"汽车轮胎造型门头、高31.8米的三级塔、康藏公路纪念邮票雕塑以及多个小型博物馆均为自驾打卡地。

❸ 雅叶高速天全服务区

这里是正式进入横断山脉前的低海拔休整补给站，除了餐饮休息等齐全的基础设施外，服务区还提供晕车药、高反药、氧气设备以及多元化的文创潮玩。打卡地和集章点有："此生必驾"大型318地标、318全线地图打卡墙、大熊猫文化广场及熊猫元素打卡标牌、公路邮局及318出发章和坐标章等。

❹ 牛背山

二郎山口南边不远，就是牛背山。它因山顶悬崖巨石凸出似牛首，山脊细长如牛背而得名。海拔3666米的牛背山，因为独特的地形，在此可360°全方位观赏云海星轨、日出日落、奔腾云瀑和巍峨雪山，所以牛背山也有"中国最大观景平台""最美云海仙境"以及"摄影圣地"等美誉。

❺ 二郎山

从天全沿318继续西行，将翻越川藏南线的第一座高山：二郎山。这里曾经是川藏线上的咽喉险关，随着2001年隧道通车，成都去往康定所需的时间

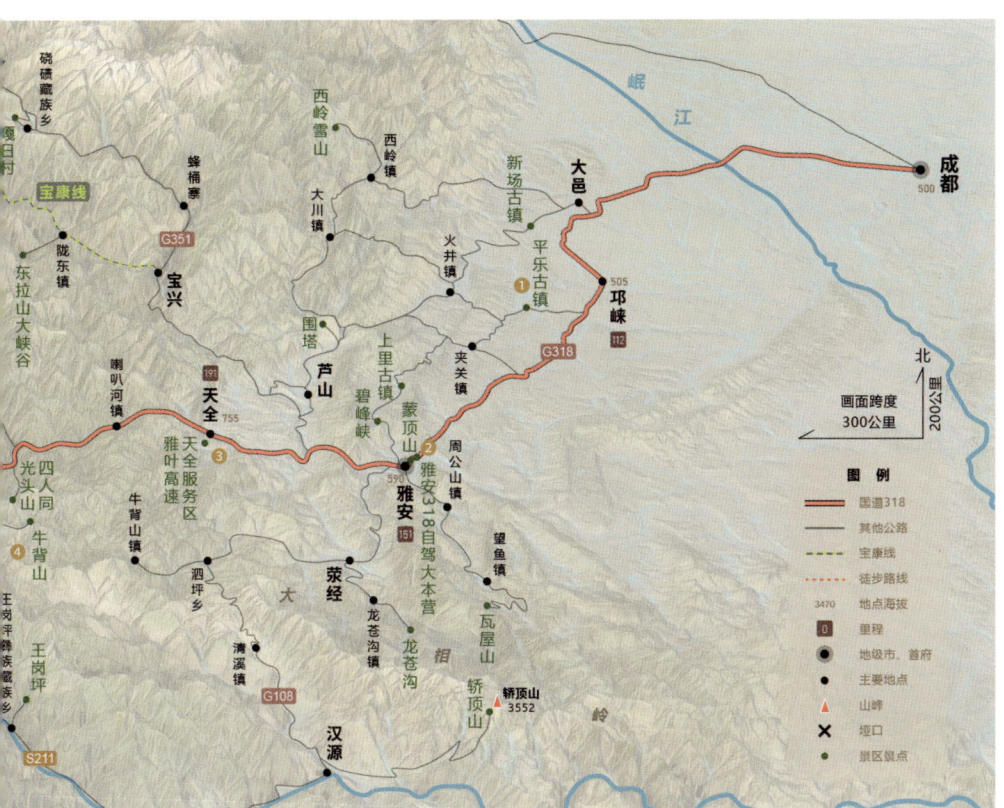

已经大大缩短。邛崃山脉是四川盆地西部一条重要的气候分界线，二郎山正是华西雨屏的中心区域。高峻的山体截迎东南暖湿气流，在东侧形成多雨区，素有"雅安天漏"之称，而翻过山脊的气流，因为水汽减少形成焚风效应，所以山岭西侧的干热河谷中随处可见仙人掌等耐旱植物。

❻ 贡嘎山

"蜀山之王"贡嘎山为横断山脉最高峰，尽管最新公布的海拔调整为7508.9米，但是"7556"这个历史数据已深入人心，成为蜀山之王的象征。看贡嘎雪山的常规地方有5个：观德结湖、里索海、冷嘎措、子梅垭口、黑石城。观德结湖可直接观赏到贡嘎雪山的倒影；里索海分为上下两个海子，用无人机可以一同拍下；冷嘎措是距离贡嘎主峰最近的海子之一，能够拍摄贡嘎雪山完美的倒影；子梅垭口是贡嘎西坡拍摄云海的最佳观景台；黑石城视野极其开阔，不仅可以拍摄连绵的贡嘎雪山，还可以拍摄田海子山、雅拉雪山。

❼ 折多山垭口

折多山垭口海拔4304米，是川藏线上一个重要的高山垭口，被称为"康巴第一关"。它是大渡河和雅砻江流域的分水岭，也是农区和牧区的分界线，在甘孜藏区的人们心目中，这条线以西就是关外，以东则为关内。

❽ 雅拉雪山

雅拉雪山海拔5820米，是藏区四大神山之一。观看雅拉雪山的常规地方有4个：云绕雅拉、格底拉姆、八朗生都、鱼子西。云绕雅拉距离雅拉雪山只有4.2公里，可以拍摄到雪山与湖水的绝美倒影；格底拉姆有小木屋、帐篷和旋转木马，还有一个灯塔和秋千，能够满足你对童话世界的一切幻想；八朗生都可以正面观赏雅拉雪山，同时还能看到贡嘎雪山，日出时分尤为壮观；鱼子西让你能同时观赏到雅拉雪山、雅姆雪山、四姑娘山，还有折多山和贡嘎山。

1. 牛背山 摄影/飞云
2. 贡嘎西坡冷嘎措 摄影/蓝七星
3. 雅安318自驾大本营 供图/318营地
4. 雅叶高速天全服务区 供图/此生必驾318
5. 宝康线 摄影/任岷

雅安：中国观景平台之乡

在牛背山，东可观峨眉、瓦屋，南望木雅贡嘎、嘉子峰、笔架山，西看雅拉神山、雀儿山，北眺四姑娘山、夹金山，地理条件得天独厚，被誉为"中国最大的观景平台"。

但是，牛背山，仅仅是一个巨大观景平台群的"冰山一角"。

从荥经县的牛背山到石棉县的王岗坪，从汉源县的轿顶山到天全县的光头山，再到宝兴县的达瓦更扎，如果在地图上将这些观景平台标记下来，你会发现，这一处处隆起的地质景观中，相当部分都位于雅安境内，因此雅安被称为"中国观景平台之乡"是当之无愧的。

成为一个观景平台，必须满足几个条件：首先，海拔要高，有足够开阔的视野，避免森林以及其他山峰的阻挡；其次，山岭上有足够的平台地形，为观景提供驻足与停留的空间；最后，还要有眺望贡嘎山等西

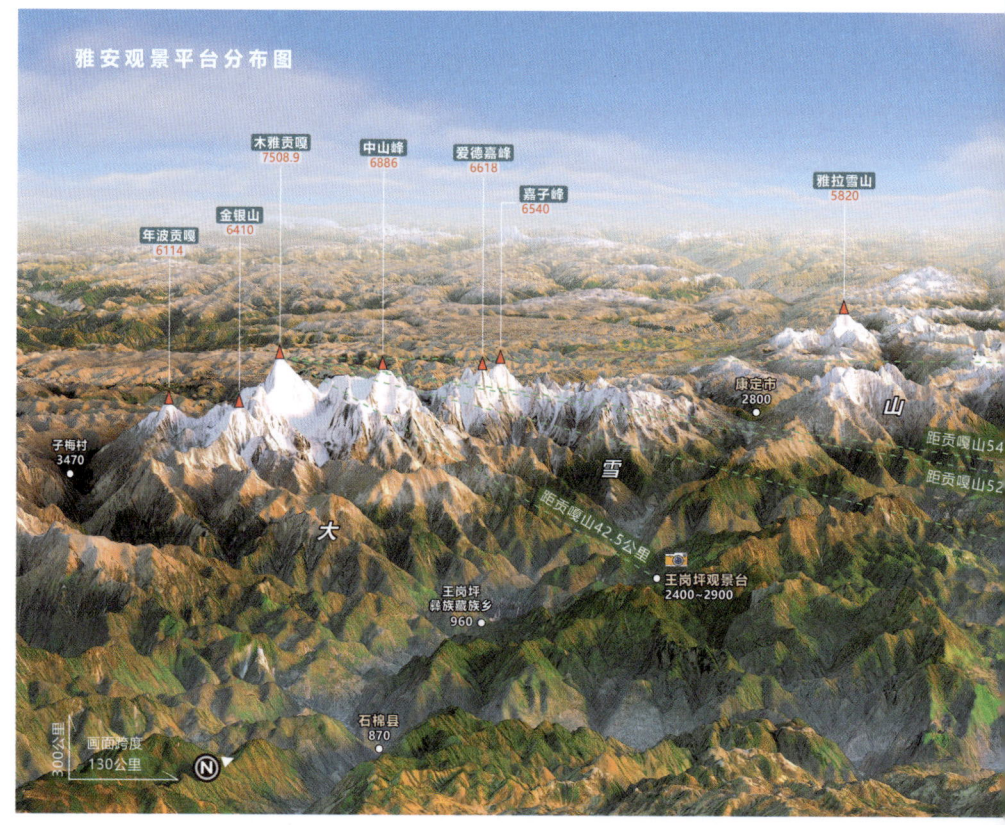

部群峰适宜的距离和视角。

　　邛崃山脉，在雅安境内的夹金山—二郎山—大相岭等山段，紧靠大雪山脉，离贡嘎山及其他极高山雪峰群距离不远，仅有大渡河相隔，所以具有眺望贡嘎雪峰群的无敌视野，加上深峡之上云海翻腾，兼有早晚霞光的渲染映射，可谓极尽天地之间恢宏与壮美。

宝康线：川版独库公路

不同于独库公路的声名远扬，宝康线实属低调神秘的"野路子"，在漫长岁月里，它静静地守候在夹金山西侧，它是越野人的"梦中情人"，令摩托骑士和老司机们心向往之。

宝康线分狭义和广义。狭义是宝康路，从四川省雅安市宝兴县出发，经陇东镇、中岗村，再过灯笼沟，翻越海拔3800米的第一垭口，到达康定市捧塔乡两河口村。这条连接宝兴和康定的路早已存在，但过去从中岗村以上都没有铺装路面，是一条"野路子"。从地图上看，这条路是一系列大"Z"和小"Z"组成的折线，在翻山途中有若干回头弯，全程约80公里。

广义来说，宝康线是穿越夹金山，连接宝兴至康定、宝兴至小金的两条路线。除了宝康路，还包含了美汗公路及其和宝康路的连接线。

美汗公路位于宝康路的北面，从小金县美沃乡出发，向西翻越海拔4350米的第二垭口，到达汗牛乡，全程50多公里，已于2009年通车。从汗牛乡再向西，还可以经汗牛路和省道211到达丹巴县。

宝康路和美汗公路的连接线是一条更"野"的路。它从小金县枷担湾村和康定市两河口村交界处向北穿越，在木壳壳梁子附近接上美汗公路。这条路直线距离约30公里，是宝康线上的精华部分，有云海雪峰、灌丛草甸，辽阔壮丽尽在其间。

宝康线属于轻度越野线，数十公里以土石路为主，大多数路段无手机信号，部分道路可能会出现积雪、塌方等不可知因素。两河口村是宝康线重要的中转站，向北通往小金、丹巴，向南通往康定，从而形成不同的自驾路线。

随着宝康路完工，夹金山上的交通大为改善，可分别从宝兴、康定和小金三个方向进出穿越夹金山，再加上多条国道和高速公路从四川盆地进入川西高原，从成都出发一天穿越宝康线已不是梦想。

贡嘎西坡经典徒步路线

贡嘎五湖

在里索海露营感受雪山之上的银河穹顶；在冷嘎措、子梅垭口追逐贡嘎日照金山；在三恩措、坐若湖等五个湖泊，拍摄贡嘎群山的雪山倒影

全程：约43公里，徒步4天

海拔：3000～4400米

难度：4星

贡嘎西南坡

鱼子西、冷嘎措、泉华滩、子梅垭口等，网红景点全览，难度不高，全程无须露营，适合高海拔入门的驴友

全程：约40公里，徒步3天

海拔：2000～4600米

难度：4星

勒多曼因

可零距离接触万古冰川，贡嘎西坡徒步，贡嘎大环线中独特的一段，可打卡系列雪山

全程：约42公里，徒步3天

海拔：3200～4900米

难度：4.5星

贡嘎大环线

漫游勒多曼因冰川，在日达曼垭口和冷嘎措可观赏到贡嘎群峰

全程：约45公里，徒步5天

海拔：3700～5000米

难度：5星

贡嘎山脊线

行走在山脊线之上的视野与景色，是其他线路无法比拟的，可多角度欣赏蜀山之王

全程：约65公里，徒步6天

海拔：3000～4600米

难度：5星

贡嘎大环线　摄影/铁丐

贡嘎西坡经典徒步路线 ‹ 贡嘎景观中心 ‹ 川藏南线

格聂景观中心

⑨ 天路十八弯

"天路十八弯"是318国道在四川省甘孜州雅江县内的著名路段，这里每一个弯道都是经过精心设计的"U"字形，展现出严谨与舒缓并重的韵律之美。在山顶的观景台，俯瞰近处，蜿蜒的山路如巨龙盘旋在剪子弯山，峰回路转千山万壑尽收眼底；眺望远方，贡嘎群峰庄严威仪，圣洁而震撼。

⑩ 理塘

四川甘孜藏族自治州，是康巴文化的核心区，海拔3950米的理塘，又被称为"世界高城"。藏语理塘为"勒通"，即平坦如铜镜的草原，这里自古就是汉藏交通要道，也是康区游牧氛围最浓郁的地区之一。"横断之心"格聂神山、格聂之眼、古冰体遗迹海子山、"川藏线上的花世界"毛垭大草原、长青春科尔寺、冷古寺、千户藏寨……这个天空之城，值得你为它驻足和停留。

⑪ 海子山海子群

位于理塘与稻城之间的海子山自然保护区，隶属沙鲁里山脉，为雅砻江和金沙江的分水岭，平均海拔4300~4700米。海子山是一处由巨大石块和数以千计的高山海子构成的恍若"火星"的奇异之地，它是青藏高原最大的古冰体遗迹，尽管远古的冰帽冰川已经消失殆尽，但冰川运动的痕迹却留了下来，形成了今天的稻城古冰帽遗迹。

⑫ 毛垭大草原

毛垭大草原位于理塘县城以西，是川西高寒草原的一部分，同时也是沙鲁里山脉中最大的山间草原。发源于海子山的无量河从草原中部穿过，十数条大小支流在草原上流淌，河两岸分布着无数沼泽湿地。草原与四面环绕的高山落差在1000米以上，景观别具一格。初夏是草原最好的时节，8月在此拉开序幕的理塘赛马会，更是牧民们最为盛大的节日之一。

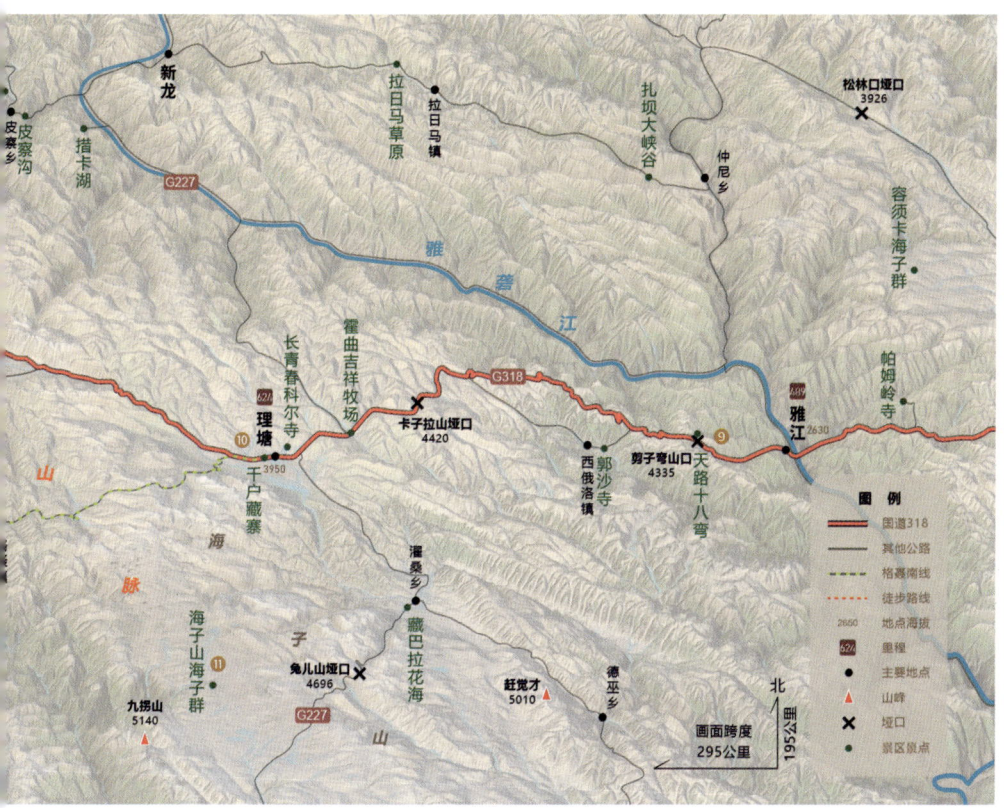

⑬ 措尼巴姊妹湖
巴塘海子山措尼巴又名"姊妹湖",在藏语中的本意就是"双海子",由一大一小两个清澈透蓝的高山海子构成。318国道蜿蜒经过,夏塞峰和姊妹湖在这里构造出一幅壮丽的高原风光。

⑭ 扎金甲博
位于理塘与巴塘之间的措普沟景区内。夏塞峰的背面,就是措普湖,在它旁边不远处,造型奇特的扎金甲博巍然耸立,峭壁嶙峋,山岩裸露,它以典型的花岗岩岩峰为特色,令人惊叹的尖塔直指天空,被赞誉为中国的"巴塔哥尼亚Patagonia"式塔峰。

⑮ 热坑温泉群
位于巴塘措普沟峡谷中的热坑温泉群也被称为茶洛气热泉或措拉温泉,水温绝大部分高于60℃,甚至高于当地沸点85℃,拥有热水泉、蒸汽泉以及间歇沸泉等多种热泉类型,水温之高在我国属于罕见。热坑温泉群具有很高的观赏性,山谷中水雾蒙蒙,与蓝天雪峰辉映,在阳光下变幻炫目的光彩,如梦似幻。

⑯ 莽措
横断山脉中湖泊很多,最大的高原湖泊莽措虽然被称为"进藏第一湖",却常常被大家忽略。莽措位于芒康莽岭乡的深山中,通过214国道和215国道均可抵达。湖面海拔4313米,面积约20平方公里,地势高寒,11月底开始结冰,次年4月解冻。湖面未结冰时,湖水澄澈,雪峰倒映,水鸟飞舞,每一个角度都是极致的风光大片。

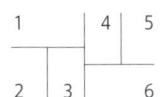

1		4	5
2	3		6

1.莽措 摄影/石头
2.格聂之眼 摄影/马宏敏
3.扎金甲博 摄影/税晓洁
4.理塘 摄影/杨小蟹
5.天路十八弯 摄影/聿明
6.毛垭大草原 摄影/Bellyu

格聂：横断之心

整个格聂山区就像一朵盛开的莲花，从核心地带发育出八条沟，呈放射状向八方延展，它们分别是：冷龙沟、热梯沟、喀麦隆沟、库日沟、哈日沟、仲纳沟、仲嘎沟、肖扎沟。八条沟各具特色，如肖扎沟拥有多个海子，仲纳沟有一百多个温泉，仲嘎沟拥有众多修行者居住的山洞，所以当地有"格聂八条沟，沟沟景不同"的说法。

新中国成立以前，从雅安出发运输茶叶和盐巴的队伍都经由康定到理塘、巴塘，再从巴塘的竹巴龙乡换乘西藏马帮进入藏地，这条路就是著名的川西茶马古道。自1954年318国道通车之后，这条传奇的茶马古道便渐渐荒废，人们基本淡忘了这条传统的商路。

在格聂山区，这条路沿着南坡绕行，大约250多公里，而途中海拔6174.5米的格聂雪山，不仅是沙鲁里山系的主峰，也是金沙江和雅砻江的分水岭。

美景终究不会被辜负。时光流转，如今的自驾爱好者们沿着这条传奇商路开辟出了爆款格聂南线，户外爱好者则深入冰峰丛林，开辟了格聂大环线、格聂—波密线、格聂—巴塘线（传统川藏驿道）、南北纵穿线等徒步路线，其中最为经典的则是格聂C环线。

格聂C环线：

D1：然日卡村—格聂之眼—煨桑台—冷达营地

D2：冷达营地—新冷古寺—夯达营地

D3：夯达营地—笑基隆帐山谷—岛岛河谷—格聂之心—热梯营地

D4：热梯营地—耶勒沟—4980垭口—格木村

D5：格木村—哈嘎拉揩—上海子—下海子—哈日营地

D6：哈日营地—哈日翁青揩—安久村

格聂南线自驾

格聂南线全长约250公里,因其沿途的壮美雪山、辽阔草原以及奇妙的景观而成为自驾爱好者的新宠。泡在则巴村的温泉池里看日落金山,让热梯河谷的野花淹没膝盖,行驶在这条川西顶级的旅游线上,仿佛是在穿越一幅生动的自然画卷。

格聂南线大部分为铺装路面,但热梯河谷至夯达营地的10公里土路颠簸严重,轿车易刮底。

全程自驾约8小时,推荐在中途的则巴村住宿一晚,这里抬头即见格聂神山和肖扎神山。

秘境推荐:

1.在铁匠山垭口向东走200米,顺着那条牧民的路,直接能到火山石顶,在那儿看日落,比在观景台看酷炫许多。

2.则巴村后面的山上有五个海子,每年七月中旬,湖边长满绿油油的绒蒿,置身期间,恍如绿野仙踪。

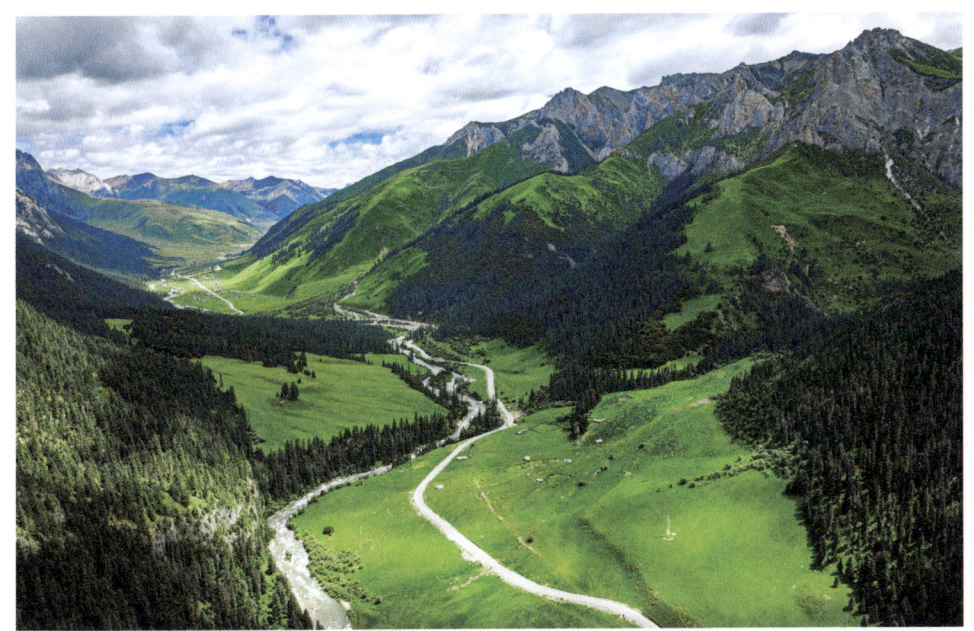

格聂南线　摄影 / 老王

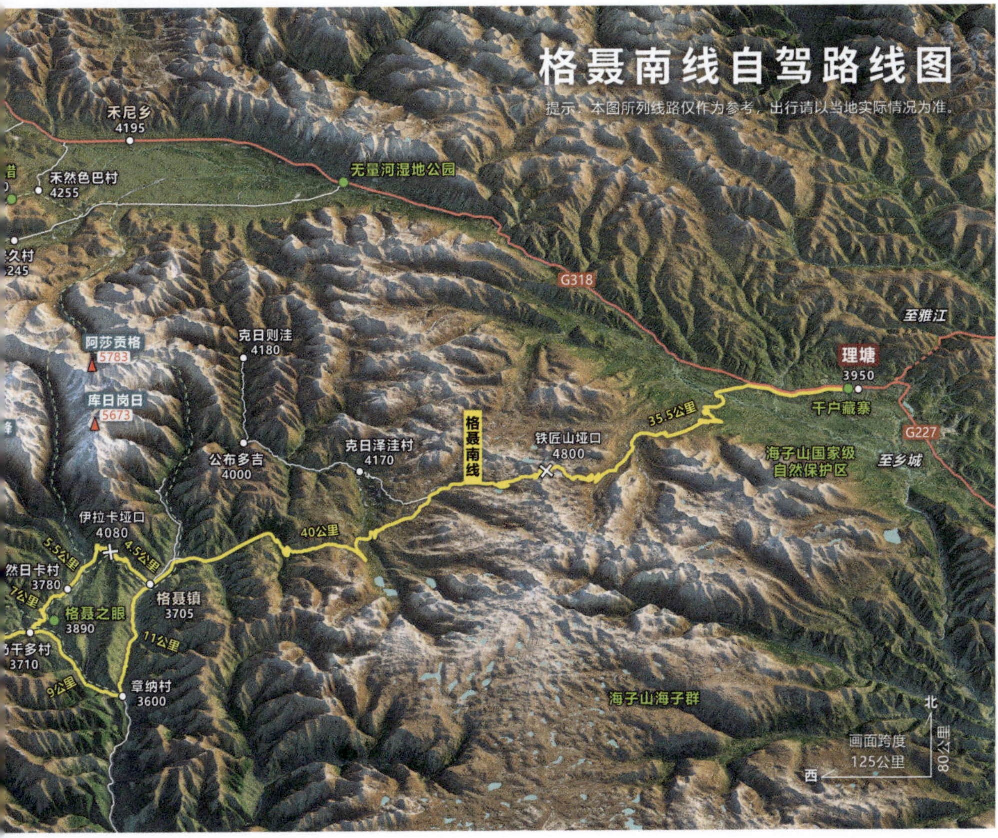

格聂南线自驾路线图
提示：本图所列线路仅作为参考，出行请以当地实际情况为准。
禾尼乡
4195
禾然色巴村
4255
无量河湿地公园
G318
至雅江
理塘
3950
千户藏寨
G227
至乡城
海子山国家级
自然保护区
阿莎贡格
5783
库日岗日
5673
克日则洼
4180
公布多吉
4000
克日泽洼村
4170
格聂南线
铁匠山垭口
4800
35.5公里
40公里
伊拉卡垭口
4080
5.5公里
4.5公里
然日卡村
3780
7公里
格聂之眼
3890
格聂镇
3705
11公里
干多村
3710
9公里
章纳村
3600
海子山海子群
北
画面跨度
125公里
80公里
西

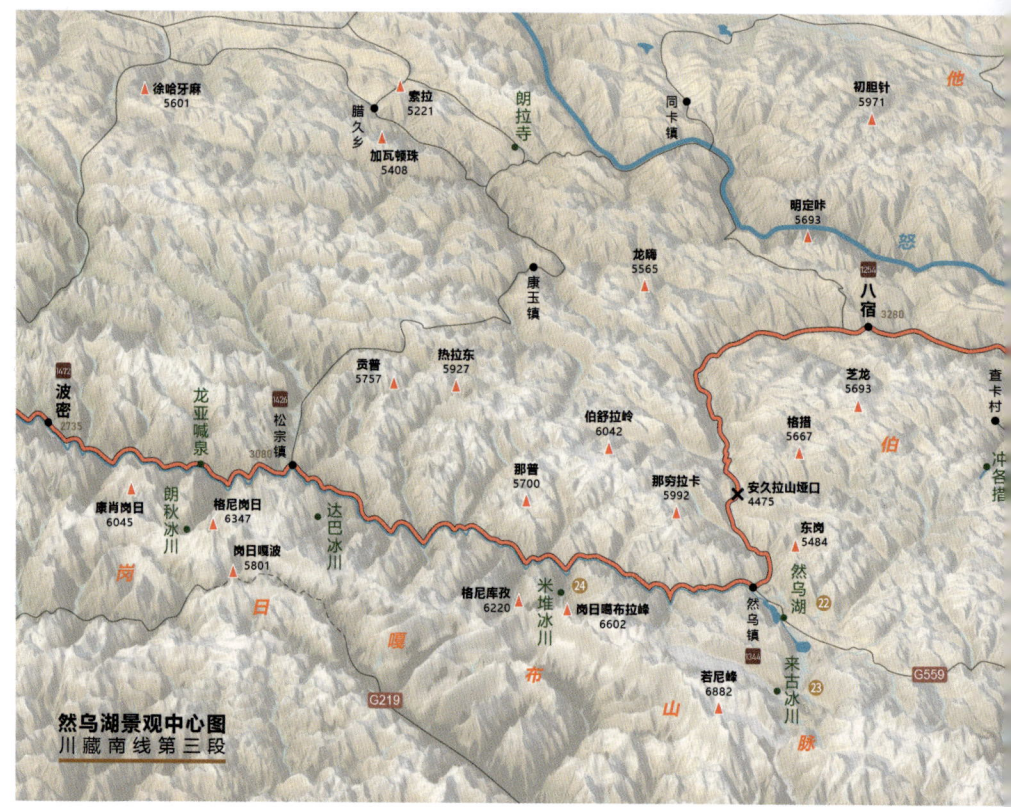

然乌湖景观中心

⑰ 芒康

芒康是G318、G214和S203察芒公路交汇点,也是川、滇、藏三省区的交汇处,很多走滇藏线的旅行者都会在这里转上318国道,前往拉萨。自古以来,芒康就是茶马古道的重要驿站,即使今天,对于从各地初次前往西藏的人来说,芒康也往往是他们的进藏第一站。从这里开始,沿途所见的风景与川西即将大为不同,群山逐渐展现出红褐色的身影。

⑱ 红层地貌

如同红酒一般的河流,如同火星一般的土壤,芒康的主色调是红色的。这些红土来自于红层地貌,是指红色的陆相沉积岩层,岩层里含有丰富的铁锰元素,长年遭受剥蚀后暴露于地表,和氧气亲密接触后,造就了景观丰富规模宏大的红色世界。

⑲ 东达山垭口

从澜沧江河谷海拔2660米的如美镇开始,就是长达80公里的上坡路,要先翻越海拔3908米的觉巴山口,然后继续爬坡,到达位于左贡的海拔5130米的东达山垭口,它也是整个川藏南线最高的山口。这里空气稀薄,高原反应明显,需要特别注意乘车人员的身体情况。

⑳ 东坝民居

位于昌都左贡县怒江峡谷之中的东坝乡,以独具特色的民居闻名西藏。民居坐落在怒江干热河谷的一片高台坝子上,自古就是茶马古道重要的驿站之一,也是民族文化交流融合的集散地。民居集汉式、藏式、印度、纳西族等建筑风格于一体,一座座民居依山就势,与层叠梯田和果园交相掩映。民居内部装饰精美,雕刻精细,富丽堂皇。

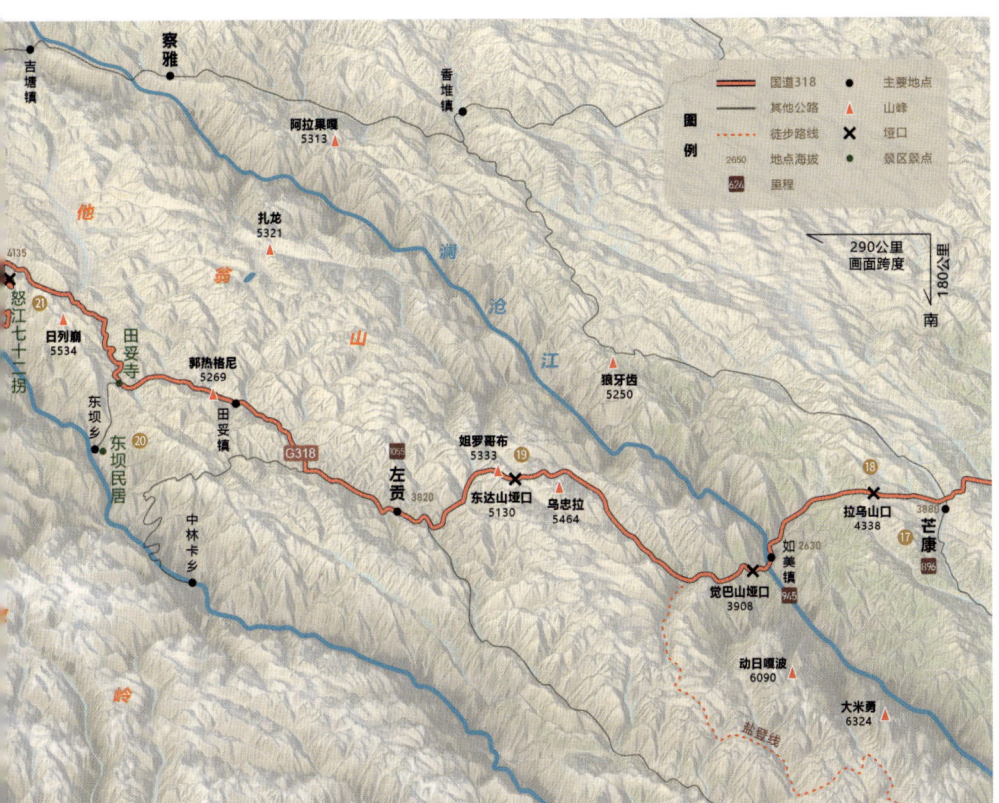

㉑ 怒江七十二拐

怒江七十二拐为业拉山盘山公路，它长约12公里，从最低点海拔3100米爬升至海拔4641米的业拉山口，坡陡路险，惊心动魄。2019年起，经过六年建设，在七十二拐底部的怒江悬崖之上，一个高空玻璃观景台在130多米落差的悬崖峭壁中横空出世。这条空中天路，与藏地粗犷的环境巧妙融合，成为318国道的一个新地标，游人在此可深度体验怒江峡谷的壮美和狂野，也弥补了之前没有驻足停留场地的遗憾。

㉒ 然乌湖

从八宿翻过安久拉山口，就进入然乌湖地区。然乌湖主要发源于来古冰川，是典型的高原堰塞湖泊，也是雅鲁藏布江重要支流帕隆藏布的源头。它由上中下三个湖泊构成，在318国道旁的是下然乌，上然乌和中然乌需要通过201省道方可到达。这里冰川、雪山、森林、湖泊、村庄和谐共处，周边有大量的营地和客栈，距然乌湖镇约10公里的瓦巴村也是一个成熟的落脚点。

㉓ 来古冰川

来古冰川位于八宿县然乌镇，包括美西、亚隆、若骄、东嘎、雄加和牛马冰川，是西藏已知面积最大的冰川。壮观的亚隆冰川长为12公里，每年11月底至次年3月中旬是最佳观赏期，纯净的蓝色冰川，令人仿佛走入了远古的冰河时代。

㉔ 米堆冰川

米堆冰川位于波密县玉普乡，其主峰海拔6602米，雪线海拔4600米，末端降至2400米，冰川末端可以一直延伸到亚热带常绿阔叶林，这种森林与冰川并存的现象总体并不多见。米堆冰川规模大，可进入性好，是近距离观赏冰川较好的选择。

1	2	4
3		5

1. 东坝民居　摄影/李杜
2. 怒江七十二拐大峡谷景区　摄影/小隐建筑
3. 米堆冰川　摄影/李国平
4. 来古冰川　摄影/Bellyu
5. 芒康红层地貌　摄影/陈小羊

然乌湖景观中心 ‹ 川藏南线　43

他念他翁徒步路线

对于户外爱好者来说，他念他翁山是近年来热度渐高的徒步路线。和可可西里无人区一样，这里属于极尽狂野的蛮荒之地，花海胜地目不暇接，海子盛宴美不胜收，形态各异的石头山岭荒凉却俊美，荟萃了青藏高原自然景观的精华。2018年6月，山友野人不野、大山、林林三人历时十天打通盐登线，第一次将他念他翁腹地的瑰丽景观呈现给世人。

盐登线：

D1：盐井—拉岗

D2：拉岗—4400营地

D3：4400营地—加米措垭口—三岔口营地

D4：三岔口营地—大米勇雪山—三岔口营地—地称明牛棚

D5：地称明牛棚—揉措垭口—揉措—木屋营地—班章烘曲

D6：班章烘曲—4450营地

D7：4450营地—5200垭口—拉同牛场营地

D8：拉同牛场营地—5045米垭口—纳布公扔

D9：纳布公扔—5064米垭口—5140米垭口—胸龙达营地

D10：胸龙达营地—登巴村

看海大C线：

D1：拉岗—蟾蜍滩—4400营地

D2：4400营地—拉措湖—拉措垭口—玄武营地

D3：玄武营地—温隆垭口—牛奶海子营地

D4：牛奶海子营地—大米勇垭口—南普双海子—乌措湖营地

D5：乌措湖营地—乌措垭口—错呷婆营地

D6：错呷婆营地—错浪波—揉措垭口—木屋营地

D7：木屋营地—胸龚曲隆牧场—巴藏村

丙察察：即将消失的勇士之路

丙察察，并不指代某一个景点，而是从云南贡山县丙中洛镇，途经西藏察隅县察瓦龙乡直至察隅县城这一段进藏路线，全程约300公里。

丙察察，可谓越野路线中神一般的存在，而它的封神，绝非偶然。究其原因，第一，丙察察路线相对艰苦，符合越野一族寻求具有挑战性驾驶体验的要求；第二，它和只追求越野体验的线路不同，其沿途风光绝美，还有进藏的远景；第三，丙察察虽然艰险，但并非无人区，在自驾群体中有很好的大众基础。天险与美景成就了丙察察，也使得后来的一众越野线路都在不经意地复刻这个理念。

从丙中洛往北沿怒江逆流而上，一路风景如画，曾经滑坡造成的大、小流沙经治理后已不足为患。通过了大流沙，察瓦龙也就不远了，这里海拔近2000米，气候温暖干燥，属于典型的干热河谷，在公路两边或山坡上经常能看到巨型仙人掌。

离开察瓦龙，会碰见一个写着"左贡"的牌子，从牌子旁的小路往北，就是越野人眼中的丙察察支线——丙察左。走丙察左可以顺道去甲应村，在这个被称为"梅里后花园"的地方可以看到梅里后山的风光。

过怒江后翻越高黎贡山，随着海拔升高空气反倒越来越湿润，咆哮浑浊的怒江也变成了翠绿的小溪让舍曲。到达锯木厂，行程过半，这里先前是旅行者的中途营地，如今作为一个地标更多被用来"打卡"。随着海拔的提升，第一个垭口是海拔4100米的齐马拉山口，过了垭口不远处就是海拔4636米的雄珠拉垭口，这两座垭口其实可以看作是木孔雪山延伸出来的"肩膀"。

从雄珠拉垭口下来是一个巨大的山谷，这里的目若村被称为"东方瑞士"，是一处不错的休整点。如果你想探访深隐山中的村落，则可以在目若村往南走，穿过日东村到达知美村。

从目若村继续往前，翻越海拔4498米的昌拉垭口，再次下到山谷以后翻越的是海拔4706米的益秀拉垭口。察隅是丙察察的终点，一个很小的边防县城。如果你办好了边防证，可以去下察隅、上察隅看看僜人部落和巨树群落。

像几乎所有进藏路线一样，丙察察的道路也一直进行着修缮和扩建，随着这条"新滇藏通道"一次次亮相，曾经危机四伏的"魔鬼"进藏线路将成为历史。

丙察察雄珠拉垭口 摄影/黄胜林

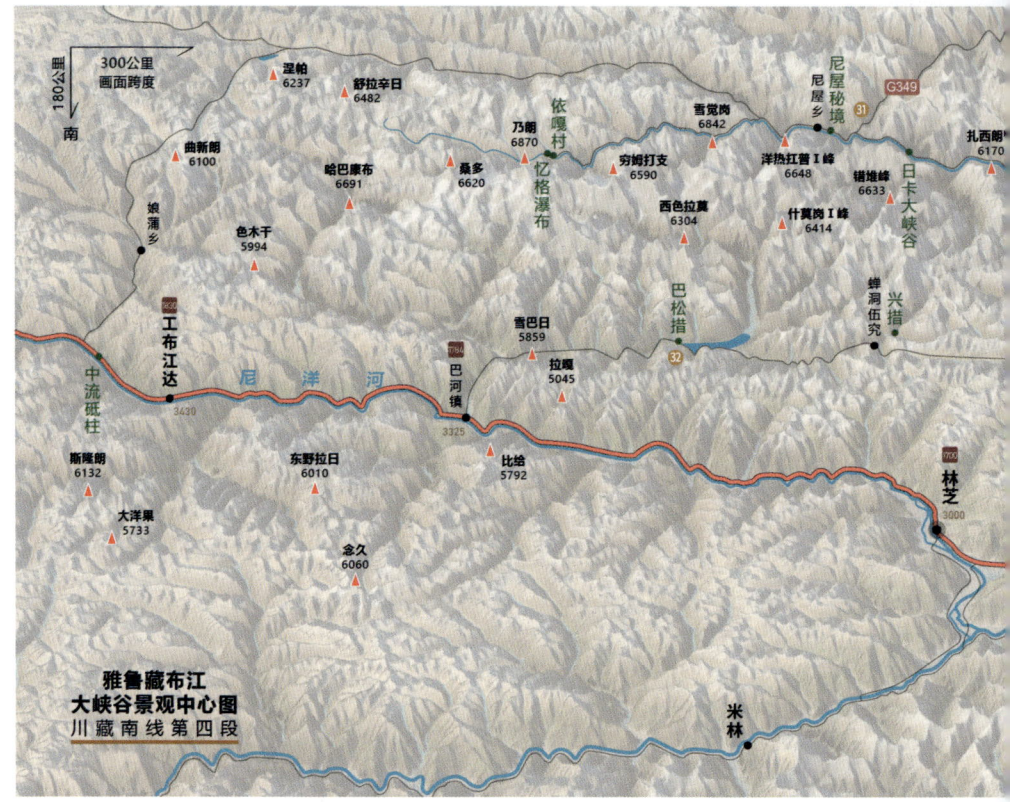

雅鲁藏布江大峡谷景观中心

㉕ 林珠藏布冰川群

林珠藏布冰川群位于波密波堆桃花谷的沙仁村附近，这里不仅有众多海拔5000米以上的山峰，还有4座海拔6000米以上的雪山。深蓝如宝石的措恩湖是途中一处绝美打卡点，雪山、冰川、森林、瀑布、湖泊、河流、牧场，让林珠藏布线的沿途风景足以媲美阿尔卑斯，是一条不可多得的小而美的徒步路线。

㉖ 桃花沟

每逢春季，波密的桃花沟蓬勃的野桃花绵延数十公里，色彩分明，一半是仙境，一半是人间。从318国道去往桃花沟，距离很近，主要赏花点有嘎朗村、如纳村、玉许乡、倾多寺、古通村等，桃花沟的盛花期一般从3月20日起，到大约4月中下旬收尾，沟口嘎朗村桃花最早开放，越往里走，则花期越迟。

㉗ 通麦天险

通麦天险位于波密，是一段令人谈之色变的险路，一边是帕隆藏布江，一边是破碎疏松的悬崖，是山崩、泥石流、滑坡、地震等自然灾害的多发地，极易造成车毁人亡的惨剧，俗称"通麦坟场"或"102死亡谷"。如今的通麦天险已经被新的道路和桥隧取代，成为通途。

㉘ 易贡湖

念青唐古拉山脉东段的易贡大峡谷温润多雨，河谷海拔2000米左右，是深藏在藏东南的一处秘境。易贡国家地质公园面积达2160.6平方公里，拥有世界罕见的特大山崩灾害遗迹、国内最大的现代海洋性冰川和古冰川遗迹。易贡湖是易贡国家地质公园的中心区域，1900年前后，一场特大泥石流堵塞了易贡藏布河谷，堰塞湖易贡湖由此产生。

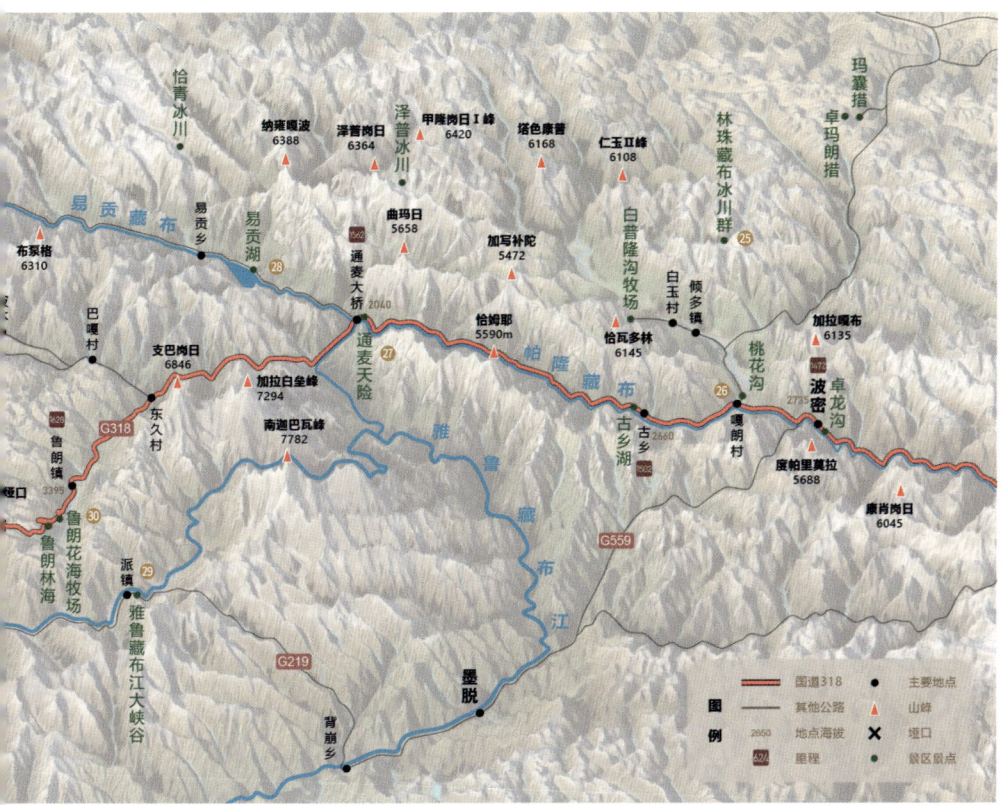

㉙ 雅鲁藏布江大峡谷

雅鲁藏布江大峡谷北起米林市派镇大渡卡村,南到墨脱县巴昔卡村,全长504.6公里,最深处超过5000米,是世界上较深的峡谷之一。这里拥有9个垂直自然带谱,从高山冰雪带到低河谷热带雨林,几乎容纳半个地球的极致景观,相当于从北极去往赤道。

㉚ 鲁朗花海牧场

从色季拉山口前往鲁朗的途中,加拉白垒峰始终伴随,鲁朗花海牧场位于林芝鲁朗镇和八一镇之间,牧场内有大片花海,周围的茂密森林主要由云杉和松树组成,风景优美。鲁朗小镇已成为318国道旁的成熟景区,平均海拔3300米,四季皆风景,这里可以远眺南迦巴瓦峰、加拉白垒峰。鲁朗石锅鸡汤鲜味美,是当地的特色美食。

㉛ 尼屋秘境

尼屋位于念青唐古拉山脉东段腹地,是一片雪山环绕的开阔谷地,海拔约3100米。每年春天,野桃花盛放,云蒸霞蔚,宛如画卷。自驾可从嘉黎县城或八盖乡前往尼屋乡。嘉黎县城通往尼屋乡,经过独俊大峡谷,路况和风景都不错。尼屋—八盖段有40公里土路,风景绝美,但道路狭窄险峻。尼屋乡距依嘎冰川大约50公里,目前道路和景区正在建设中。

㉜ 巴松措

巴松措又名措高湖,海拔约3490米,湖面约27平方公里。湖区四周被常年积雪的雪山环绕,境内森林茂密,动植物种类繁多。达切拉观景台、措高村观景台、湖心岛、遗忘码头、国王宝座、结巴村、白朗沟、新措、仲措、普措、扎拉沟均为打卡地。

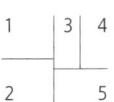

1.巴松措 摄影/蓝七星
2.鲁朗花海 摄影/sparrowtraveler
3.波密桃花沟 摄影/Aee
4.雅鲁藏布江大峡谷 摄影/滕德煌
5.易贡湖 摄影/晋南山人

雅鲁藏布江大峡谷景观中心 ‹ 川藏南线

中国藏东南：世界第二巨树中心

2023年6月7~23日，由中科院植物研究所、国家重要野生植物种质资源库辰山中心–上海辰山植物园、中国野生动物保护协会、"野性中国"工作室、波密县林草局等组成的中国巨树科考队，完成了西藏波密县的藏南柏木巨树群落综合科考。

此次测量的藏南柏木Ⅰ号其历史高度（主干枯枝）为102.3米，活体（枝杈）高度为101.2米。按植物学领域的测量标准，藏南柏木Ⅰ号活体高度101.2米为亚洲最高大树，可列入全球第二高树种。

据不完全统计，此片藏南柏木巨树森林群落80米以上巨树有260余棵，90米以上巨树有25棵，100米级巨树2棵，而"枯立木"则有近30棵之多，且大都为50~70米。

中科院植物研究所王孜博士利用周边区域自然死亡的藏南柏木截取年轮，通过胸径与年轮的比值，推断藏南柏木Ⅰ号年龄约为1450岁，藏南柏木Ⅱ号年龄约为1400岁。当年藏南柏木幼芽萌生之时，正是公元600年左右，处于隋唐温暖期。

基于以藏南柏木为核心的波密巨树群落，结合此前墨脱的不丹松巨树、察隅大黄果冷杉等巨树群落，可以确认中国藏东南地区是一个世界级的巨树分布中心，拥有世界第二规模的巨树原始森林资源。

巨树历程：

1890年，美国巨杉国家公园成立。

1916年4月，《国家地理》杂志登载了"谢尔曼将军"的照片，树高83米、胸径11.1米，迄今它依然是世界上最粗大的杉科植物。

1964年，保罗·扎尔等发现112米高的北美红杉，为当时世界最高树（目前排名第17）。

2006年，科学家发现全球最高巨树亥伯龙神（北美红杉，高115.9米）。

2012年，澳洲团队The Tree Projects启动攀树型综合科考。

2017年，中国台湾科研团队与澳洲团队The Tree Projects合作，攀测科考台湾杉三姐妹（高69米）。

2018年，奚志农野性中国团队启动"大树杜鹃""铁杉"科考及等身照拍摄项目。

2019年，郭柯、王孜团队在藏东南区域发现察隅80米级巨树，未攀测。

2020年，中国台湾科研团队测量台湾杉为79.1米高。

2021年9月、11月，野性中国团队测量并拍摄高黎贡秃杉为72米高。

2022年4月，北京大学吕植及郭庆华、李成团队发现及电子测量墨脱不丹松，为76.8米高；同期，王孜团队测量察隅大黄果冷杉为83.2米高，未公布数据。

2022年8月，野性中国发起的"中国巨树科考队"攀测科考了察隅大黄果冷杉，为83.4米高。

2022年年底，中国台湾科研团队完成了台湾巨树地图，调查定位了全岛941棵高度超过65米的潜在巨树坐标，70米以上为202棵，75米以上仅27棵。

2023年5月，北京大学调查队测量波密西藏柏木，确认历史高度为102.3米。

2023年6月，中国巨树科考队完成波密西藏柏木测量，高度为101.2米。

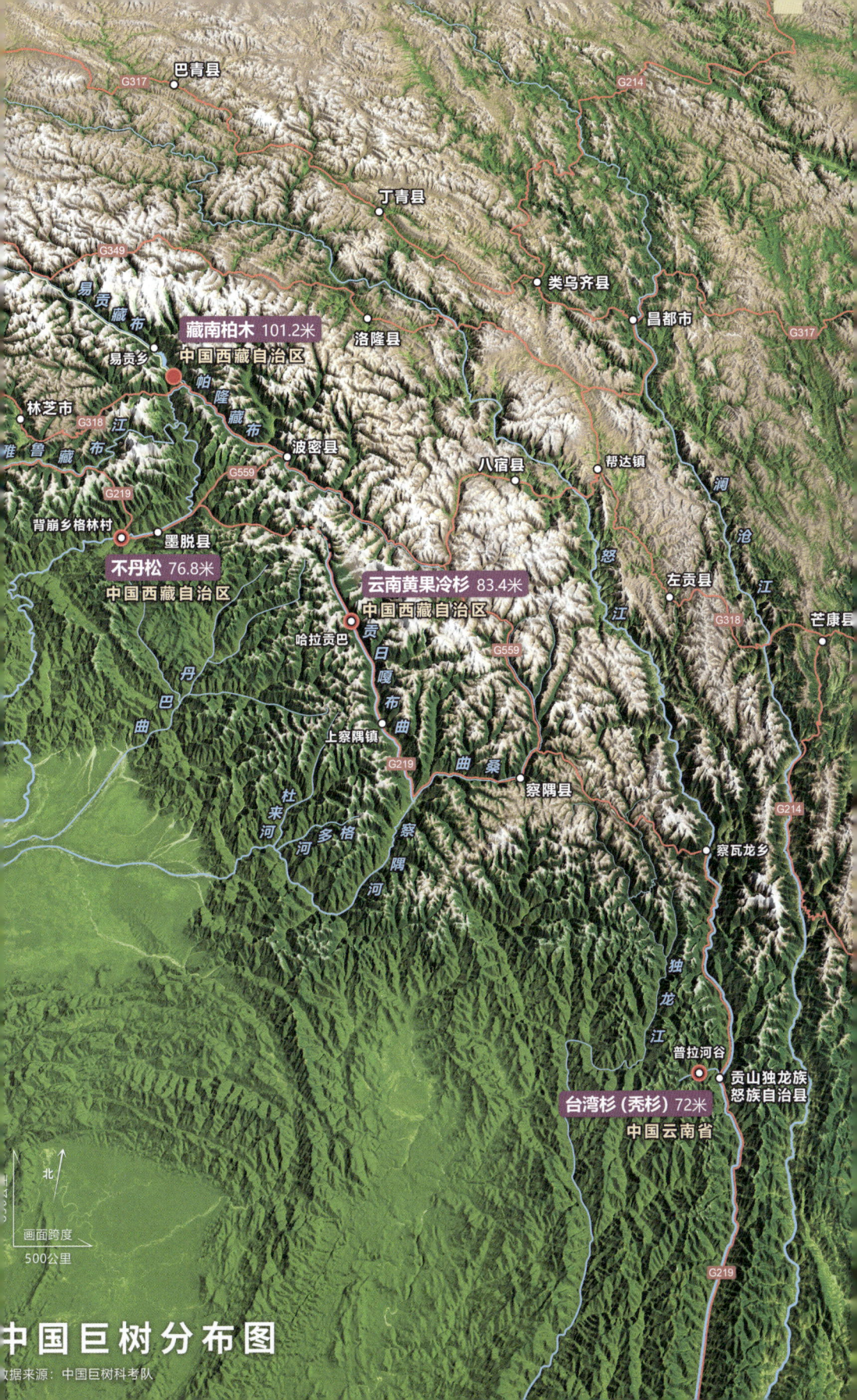

布加冰川 摄影/张朔

川藏北线

藏地秘境的朝圣之路

川藏北线，即G317川藏段，起点为四川成都，终点为西藏那曲，全长1879公里，跨越四川盆地、横断山脉、藏东高山峡谷和藏北高原，这条曾经的川藏交通备用线，如今依然是藏北资源运输的重要通路。

从成都平原出发，驶过炉霍的宗塔草原，甘孜的卡瓦洛日神山，茶马古道的马尼干戈驿站，再沿念青唐古拉山脉北麓，穿越荒凉的羌塘高原，就到了藏北中心那曲。

相较于川藏南线，川藏北线经过地区多为牧区，海拔较高，交通不便，由于路途艰险，它也被称为"地狱之路"。正因为如此，川藏北线沿途保留了更多原始风貌，一路行来，高原的寂静冲淡了烟火人间的喧嚣，这份向朝圣者开放的藏地密码，吸引了众多深度旅行者，更成为越野爱好者的挚爱。

除了雪域高原的无尽景观，川藏北线还是一条民族交融之路，它穿越汉、羌、藏等十余个民族聚居区，串起都江堰水利工程、新石器时代卡若遗址、德格印经院以及"天空之城"孜珠寺，沿途历史遗迹密集度胜于川藏南线，是一条研究多民族文化必走的自驾线路。

当你听过怒江的咆哮，仰望过刺破云霄的萨普雪山，静观过藏北高原魔幻的湖泊，守候过唐古拉山脉风中的经幡，你一定会觉得，来时的每一程颠簸都很值得。川藏北线，跨越荒野，串连的不仅是风景，更是人与自然古老的契约。

川藏北线景观中心分布图

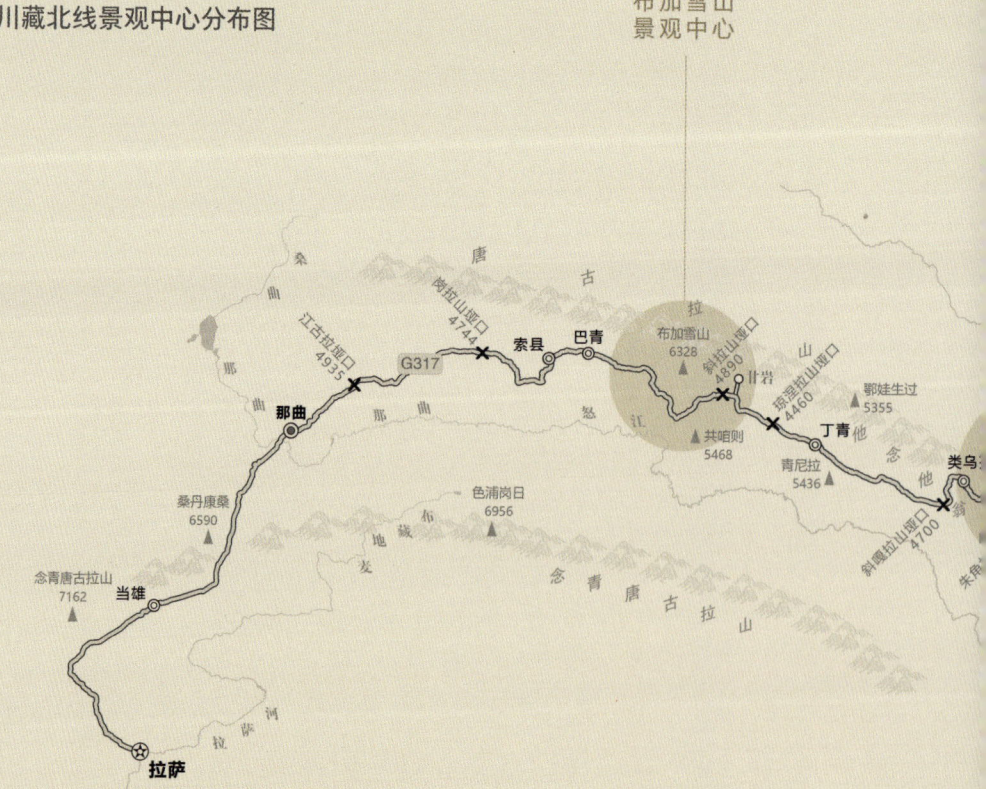

川藏北线 G317

旅行手帐

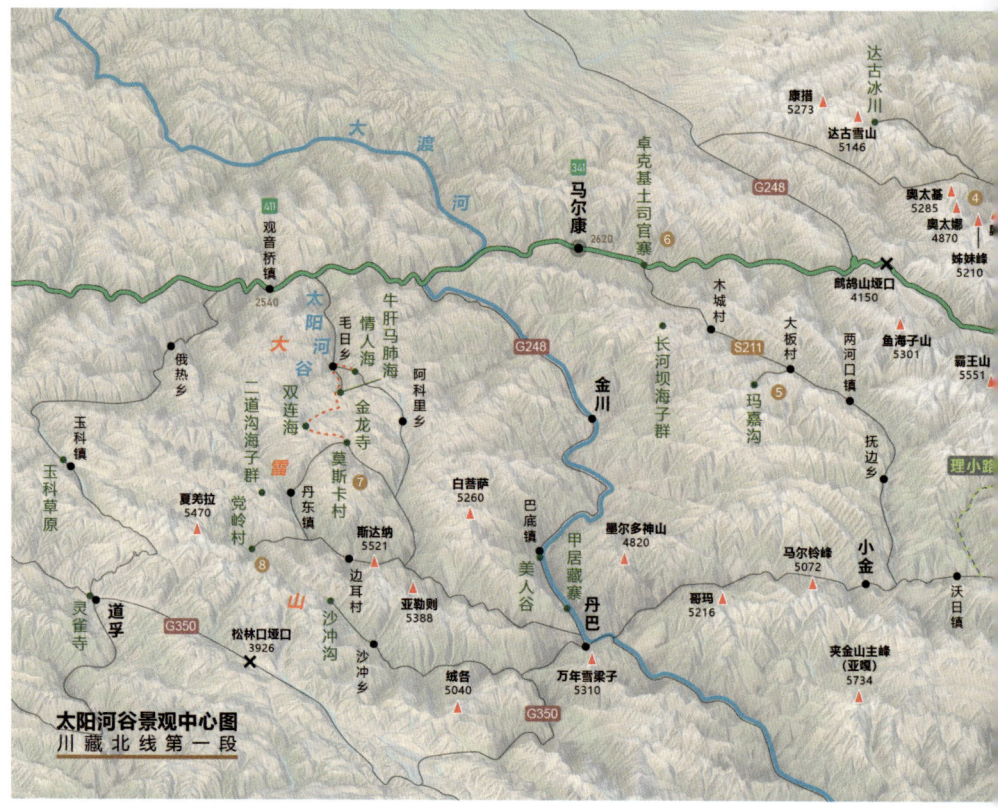

太阳河谷景观中心

❶ 七盘沟

七盘沟位于汶川县城东南7公里，以险峻的峡谷地貌著称。沟内溪流清澈，植被垂直分布明显，有大量高山杜鹃。沟顶有堰塞湖白龙池，形似菜刀，因此也被称为菜刀湖。整体风貌原始，适合追求原生态体验的旅行者探索。

❷ 桃坪羌寨

桃坪羌寨位于理县桃坪村，依山而建，杂谷脑河从寨前蜿蜒而过。羌寨距今已有2000余年，98栋石屋以碉楼为中心，户户相通；寨内利用地势引山泉流入，再通过暗渠分流入户，各家门前都有活动石板可取水饮用。这套水网不仅能调节羌寨的温度，还可作为逃生通道。碉楼、石屋群以及千年暗渠构成的生活及防御体系，深刻体现了羌族人民"以守为攻"的生存智慧。

❸ 毕棚沟

毕棚沟位于理县朴头镇梭罗沟村，被称为"川西小瑞士"。它集雪山、冰川、海子、森林、草甸、瀑布、红石滩于一体，堪称自然美学的教科书。这里可远眺四姑娘山幺妹峰，毕棚沟至四姑娘山长坪沟的"长穿毕"路线，更是户外经典徒步路线。

❹ 三奥雪山

三奥雪山距黑水县城芦花镇16公里，由三座独立的雪山组成。主峰奥太基（藏语意为群山之父）海拔5285米，奥太美（藏语意为群山之母）海拔5258米，奥太娜（藏语意为群山之子）海拔4870米，"三奥"之名由此而来。这里交通便捷，海拔适中，线路成熟，是初入门登山者的理想选择。

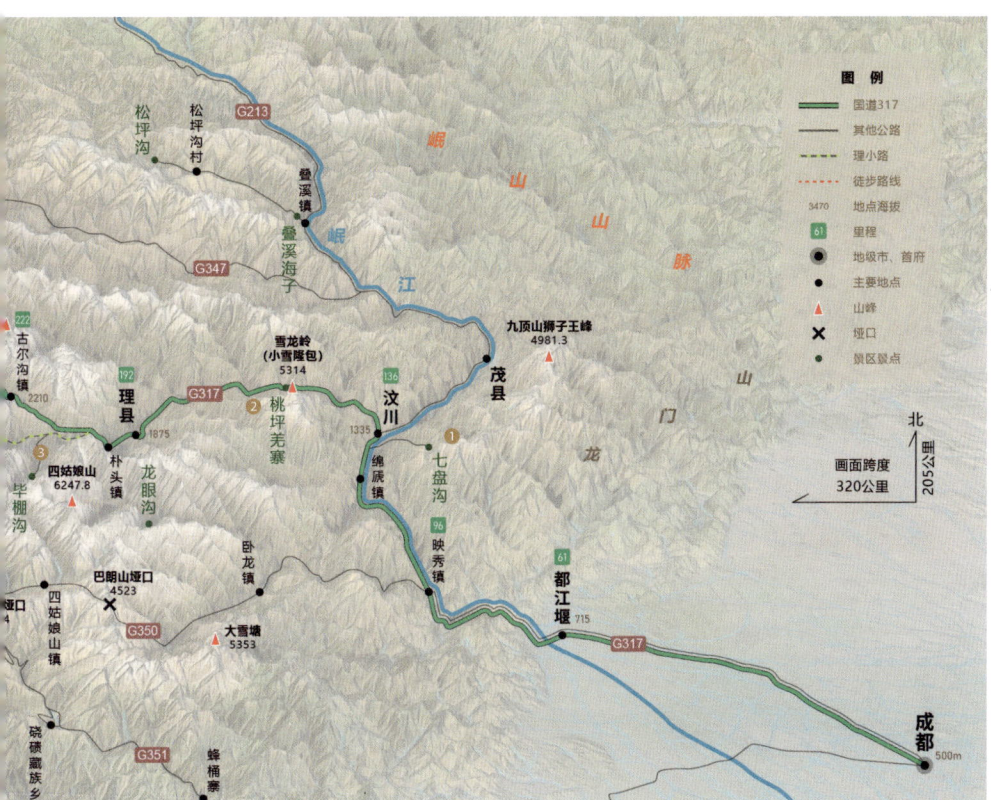

❺ 玛嘉沟

玛嘉沟位于小金县两河口镇大板村，沟口海拔约3200米，沟内有数座海拔超过5000米的雪山。玛嘉沟尚未大规模开发，风貌和设施较为原始，适合徒步和风光摄影，也是宠物友好景区。

❻ 卓克基土司官寨

卓克基土司官寨位于马尔康市西索村，始建于1286年。现存建筑为1938年重建，占地约1400平方米，由四组碉楼组合为封闭式四合院，构造精细，几乎囊括了嘉绒藏族数千年积累的建筑技艺精华。1935年，红军长征途经马尔康，并在此召开了卓克基会议。它还是同名小说改编的电视剧《尘埃落定》的取景地。

❼ 莫斯卡村

莫斯卡村位于甘孜州丹巴县金龙大雪山旁的高山牧场中，这里群山环抱，如同一个与世隔绝的世外桃源。莫斯卡，藏语意为"祥瑞平坦的地方"，当地土拨鼠受到藏民的保护，体态肥硕，十分亲人，已成为标志性的吉祥物。不过土拨鼠属于野生动物，作为游客仍需保持安全距离。

❽ 党岭村

党岭村位于丹巴县丹东镇，相传得名于古时千里跋涉定居此地的党项人。主峰夏羌拉海拔5470米，周围有28座海拔超过5000米的雪山，是当地藏民朝拜的圣地。第四纪古冰川退缩后，在此留下30多个冰碛堰塞湖和冰斗湖，著名的有甲依拉措、大小葫芦海和卓雍措。

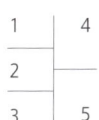

1.党岭葫芦海 摄影/范菁
2.三奥雪山 摄影/飞鸟
3.牛肝马肺海 摄影/范菁
4.莫斯卡 摄影/范菁
5.桃坪羌寨 摄影/原峥

理小路：川西阿勒泰

　　理小路位于阿坝州，为450省道理县至小金段，全长近百公里。它的出现，结束了理县和小金相邻不相通需绕行几百公里的历史，完美连接米亚罗和四姑娘山两大景区，串连起毕棚沟、凉台沟、结斯冰川、大二普沟这四个景点。自驾途中，如一幅壮丽的高原画卷在眼前徐徐展开，是名副其实的雪山景观大道，被誉为"川西阿勒泰"实至名归。

　　从理县朴头镇二道桥进入，要先经过凉台沟，这里除了拥有川西典型的雪山和森林，还有长达两公里的红石滩，规模仅次于燕子沟红石滩。从大梁弯棚子穿过7公里长的邛崃山隧道，就进入大二普沟，距离隧道口不远，就是久负盛名的大二普沟营地。这个露营地不仅拥有广阔的草甸和牛马成群的牧区风光，周边还有难度不一的徒步线路可供选择。

　　大二普沟位于小金县结斯沟深处，沿路共有三个高山海子，二海子

海拔4360米，沿河而上可以观赏雪山、冰川、森林、草甸、海子、牧场等高山景观，营地可近距离观看大小玛雅峰日照金山的壮丽景色，也是攀登大小玛雅峰的必经之地。

路线参考

成都—巴朗山—猫鼻梁观景台—四姑娘山—小金—结斯沟—凉台沟—毕棚沟—理县—成都，可以顺时针，也可以逆时针，环线总长约500公里，适合周末自驾旅行。因冰雪、凝冻等原因，理小路会有数月的"冬管"，需关注解封时间。

理小路大二普沟营地　摄影/大白

阿科里海子群：大地的眼泪

山有水则灵。如果高山是身躯，那海子一定是灵魂。

海子，是一些内陆地方对湖泊的称呼，起源于蒙古语。20世纪80年代在对横断山的综合科学考察中，中科院湖泊组统计的湖泊数量是3300多个，其中三分之一分布在海子山的高原夷平面上。

2016年8月，摄影师范菁受大横断项目组委托，来到太阳河谷阿科里乡。从这里往南，在阿坝州金川县与甘孜州丹巴县交界的高原夷平面上，分布着数百个大大小小的海子，是横断山脉仅次于海子山的第二大高原湖泊分布区。在1个月的时间里，范菁先后从党岭、太阳河谷、沙冲沟进入这片高原面，考察了情人海、东措、西措、眼镜海、葫芦海、牛肝马肺海等数十个海子，其中许多是首次进入公众视野，特别是沙冲沟海子群，连当地的采药人也是第一次看到。

莫斯卡十二湖徒步路线

这条线路全程约40公里，平均海拔4300米左右。每年的6月初至8月，草原上的花朵竞相开放，气候宜人，是探索莫斯卡十二湖的最佳时机。

D1：莫斯卡村—各冲沟—骨岑措

D2：骨岑措—小海子—双连海—上下海

D3：上下海—错朗沟—眼镜海—牛肝马肺海

D4：牛肝马肺海—情人海—太阳河谷

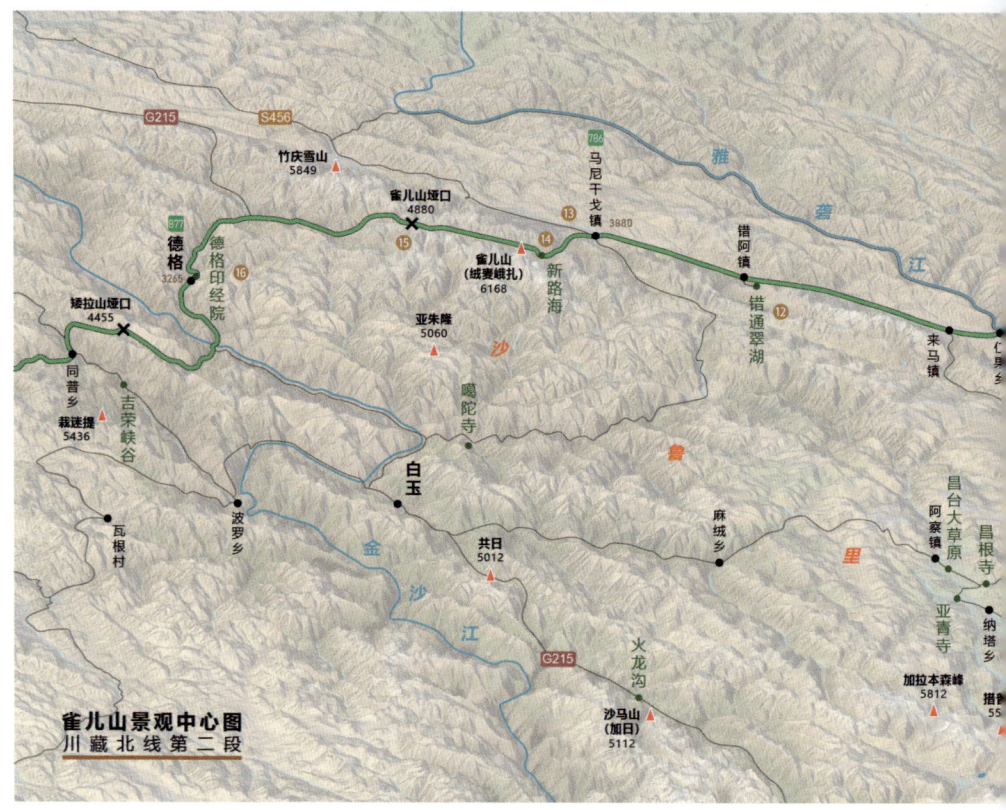

雀儿山景观中心

❾ 喇荣五明佛学院
连绵不绝的红色房屋，在雪域高原上绽放出耀眼的光芒，诵经声在山谷中回荡，仿佛天籁之音，这就是海拔4000米的喇荣五明佛学院，坐落在甘孜州色达县。佛学院的大经堂是整个学院的中心，僧舍围绕它分布，有三万多僧众修行居住。佛学院原本不是景区，因游客众多，近年去往佛学院已需预约，并通过区间车辆抵达。

❿ 卡萨措
卡萨措，即卡萨湖，位于炉霍县充古乡，海拔3510米，是典型的高原淡水湖泊。草原、鲜花、湖泊、村落、水鸟，它不属于必须专程去寻访的秘境，但一定是自驾G317途中值得停留并驻足之地。卡萨湖观景台是拍摄的绝佳位置，天气好时，可拍出湖水、雪山及草原全景入镜的绝美风光。

⓫ 卡瓦洛日
卡瓦洛日雪山位于甘孜县下雄乡，海拔5992米，为工卡拉山脉主峰。山顶有两个山峰，形如元宝。卡瓦洛日为藏区著名的神山，被尊称为苯教十三大神的财神——雍宗道杰，其北坡垭口被称为"孜雍琼戈"，意为财富之门。在甘孜彩云牧场、洛戈梁子等地，都是观赏卡瓦洛日的极佳位置。

⓬ 错通翠湖
错通翠湖，又被称为错通三连湖，位于德格县错阿镇，由三个相连的海子组成。它坐落在海拔4500米的高山上，被三座神山环抱，湖水深邃幽蓝，宛如大地上的翡翠，周围是壮观的丹霞地貌，无论从哪个角度拍摄，都能捕捉到令人惊叹的美景。

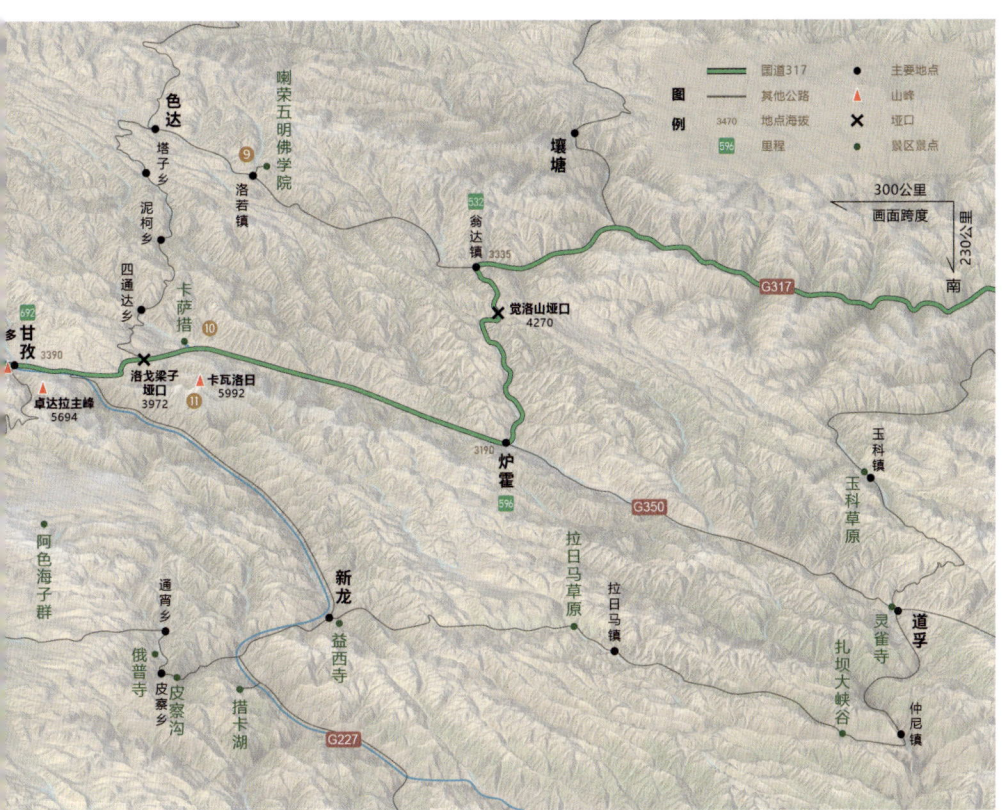

⑬ 马尼干戈镇

马尼干戈镇,位于甘孜州德格县,是茶马古道的重要驿站,也是川藏北线上的商贸重镇。向北去往石渠、玉树,向西通西藏江达,向东是甘孜,向南可达白玉。无论是"中国的西部牛仔城"还是"青藏高原的新龙门客栈",这些称呼都能窥见只属于马尼干戈的浓郁的西部气质。

⑭ 新路海

新路海位于雀儿山下,又名玉龙拉措,位于德格县马尼干戈镇,距甘孜县城98公里,海拔4040米。湖泊南面为高耸的冰川雪峰,北面有牧草丰茂的措巴村牧场,东西坡有密布的针叶林,湖水清澈,宛如翡翠镶嵌在川西高原上。

⑮ 雀儿山

雀儿山属沙鲁里山脉北段,主峰绒麦俄扎峰海拔6168米。沿着317国道前往德格,雀儿山是必经之地,它不仅以高峻的雪山和深邃的峡谷闻名,还因海拔4880米的垭口成为四川最高的公路垭口,被誉为"川藏第一险"。2017年,雀儿山隧道开通,如今只需10分钟就可穿山而过。

⑯ 德格印经院

德格印经院位于德格县,被誉为"藏文化大百科全书",也是世界文化遗产中不可或缺的一部分。印经院于1729年建成,这里不仅保存了近30万块珍贵经版,更完整传承了始于公元8世纪的藏族传统雕版印刷技艺。不论是防虫不腐的瑞香狼毒纸,还是百年不变形的红桦木经版,都展现了极高的技艺和艺术水准。

1	4	5
2		
3		6

1.阿色丹霞 摄影/秋石
2.德格印经院 摄影/Youdu
3.喇荣五明佛学院 摄影/飞云
4.卡瓦洛日 摄影/方忠诚
5.错通翠湖 摄影/晋伟
6.雀儿山 摄影/小路

雀儿山景观中心 ‹ 川藏北线

阿色丹霞：川西高原的红色奇观

阿色丹霞又名新龙红山，位于甘孜州新龙县银多乡阿色一村和阿色二村，毗邻甘孜州白玉县和甘孜县，藏语名为"绒多巴日"，是藏区少有的红色神山。

这片深藏于横断山脉的丹霞，直到2015年才被发现，是迄今青藏高原地区发现的海拔最高的丹霞地貌。

这里的丹霞地貌形态各异，呈现出"非典型"的特征，包括线状山脉、堡状丘山、叠板岩墙、单斜群峰、孤山独峰等宏观景观，使得阿色丹霞景观独具魅力。30多公里的红色山体裸露，寸草不生，在烈日照耀下闪耀着刺目的光芒，与周围墨绿色的山体形成鲜明对比。

阿色丹霞大约形成于距今6500万年至2300万年的新生代古近纪，整

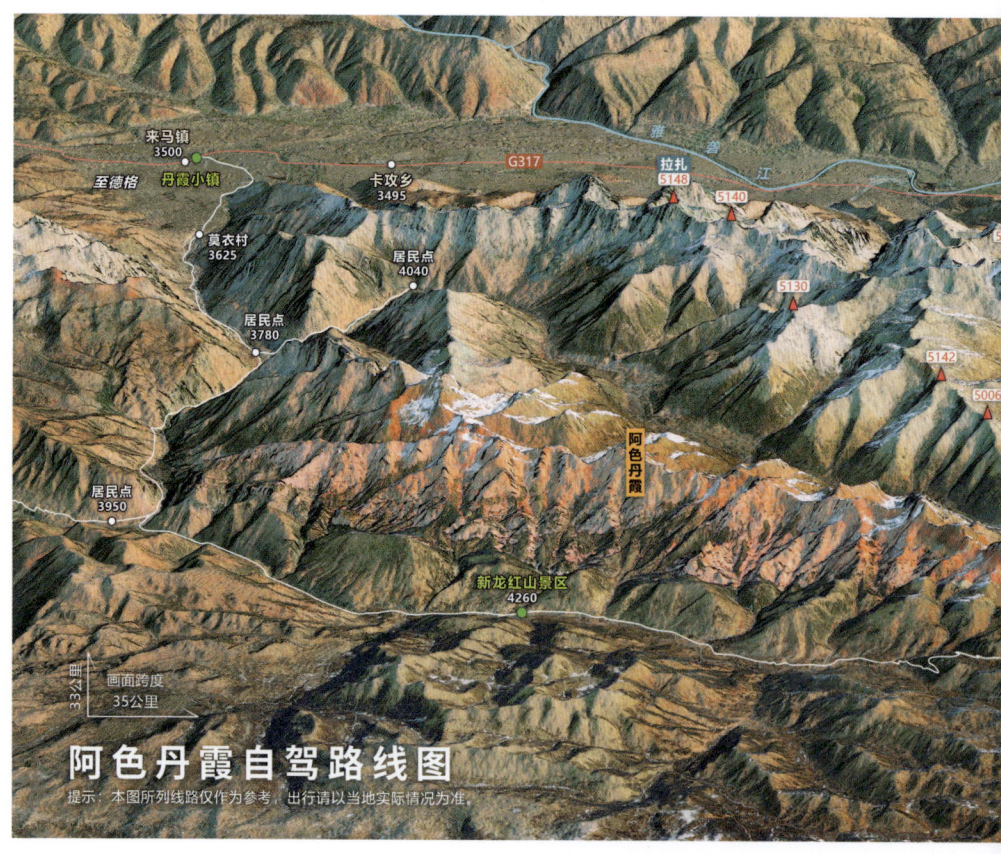

体海拔大多在4200米至5100米之间，超过海拔5000米的山峰就有十余座。每当遇上连日暴雨，红山上富含硅铁的风化物质被冲刷进溪流，使得暴涨的溪水成为流动的"大地之血"。

路线参考

虽说景区叫新龙红山，但离这里最近的是甘孜县县城，距离景区1小时左右路程。在从甘孜前往景区的途中，还有个叫丹霞小镇的地方，距离景区约半小时，可住宿。进入新龙红山景区后乘坐观光车至景区中心停车点，之后开始栈道徒步，全程1~2小时。门票60元/人，观光车50元/人。

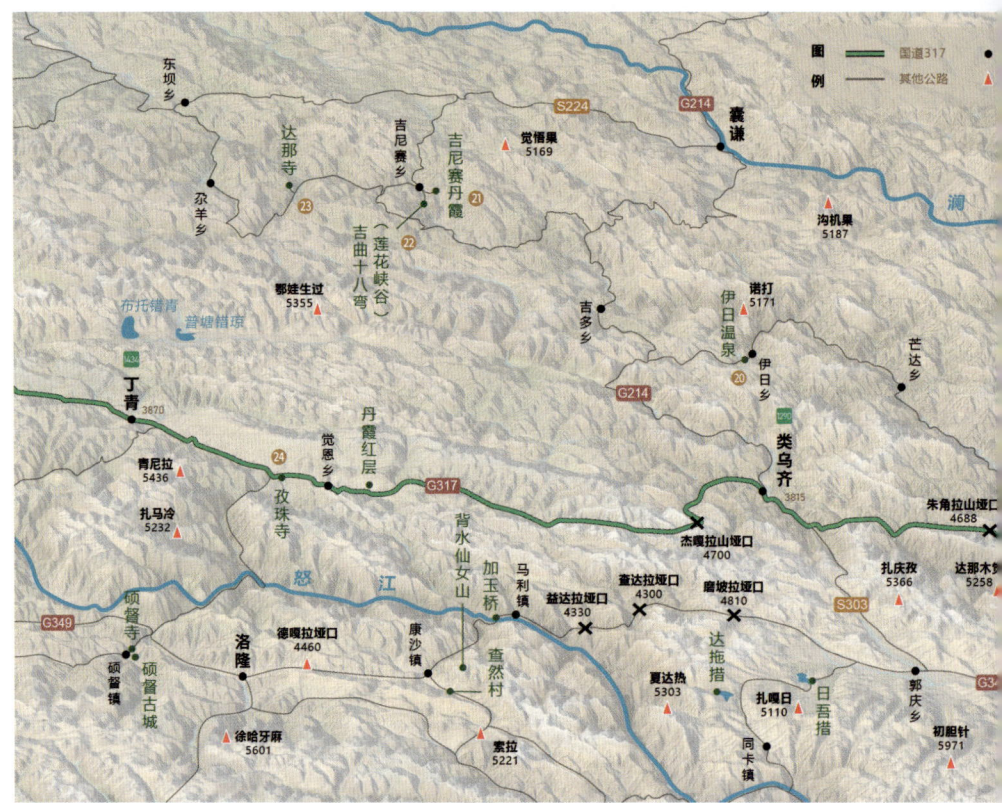

昌都景观中心

⑰ 雪巴沟

江达是G317进藏的"东大门",而雪巴沟就位于江达县岗托镇,海拔3700米,长约10公里。这里山崖裸露,陡峭的尖锐峰丛直刺天际,直面蛮荒的即视感极具冲击力,沟谷里是广袤的草甸和湿地,有着藏东"小亚丁"之美誉。

⑱ 卡若遗址

卡若遗址位于昌都市卡若区,是澜沧江上游具有代表性的新石器时代遗址,年代被定为距今4000~5000年,卡若村落被认定延续了至少1000年。遗址主要于1978年至1979年被发掘,其中半地穴式房址、石砌墙基及大量石器、陶器,与黄河流域的仰韶文化极为相似,而出土的碳化粟和家畜骨骼则证明了早期农牧业的存在。

⑲ 强巴林寺

强巴林寺位于昌都市卡若区,昂曲和杂曲两水交汇处,金碧辉煌,规模宏伟,是藏东地区最大的格鲁派寺院,被誉为"藏东第一禅林"。寺院由宗喀巴大师的弟子喜饶桑布创建于15世纪,因寺内供奉强巴佛,即弥勒佛而得名。作为康区重要的宗教文化中心,强巴林寺以精湛的佛教艺术、严格的习经制度而闻名。

⑳ 伊日温泉

伊日温泉位于昌都市类乌齐县,距伊日大峡谷15公里,海拔约3800米,是藏东地区著名的高原温泉群。温泉分布在长约100米的山谷中,水温常年保持在30~50摄氏度之间,富含多种矿物质。温泉周边雪山环绕,景色壮美。作为藏区少有的天然疗养胜地,伊日温泉被伊日温泉酒店覆盖,受天气以及水位影响,目前温泉仅每年6~10月开放。

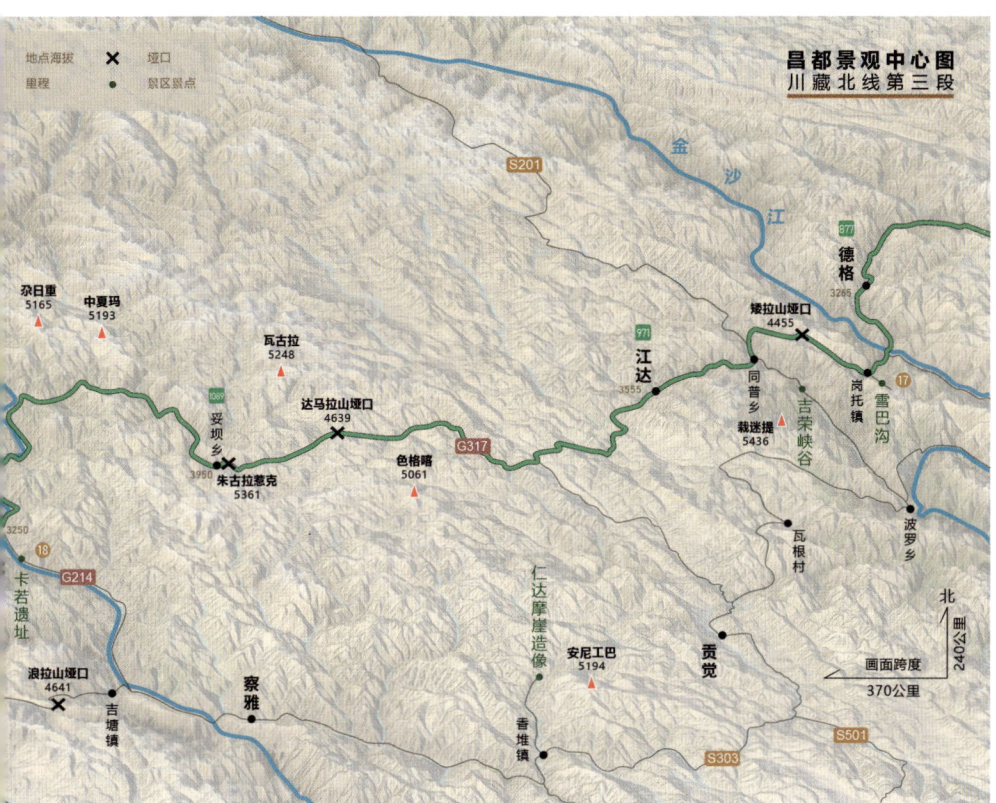

㉑ 吉尼赛丹霞

吉尼赛丹霞位于囊谦县吉尼赛乡，距县城约60公里，海拔约3800米，是青藏高原罕见的丹霞地貌景观。这片总面积约5平方公里的红色岩层群，经千万年风化侵蚀形成奇峰怪石，在阳光照射下呈现绚丽色彩，尤其在日出日落时分，红岩与霞光交相辉映，景色极为壮美。

㉒ 吉曲十八弯

吉曲十八弯，位于囊谦县吉尼赛乡，距囊谦县140公里。吉曲是澜沧江的重要支流，穿过然察大峡谷和吉曲大峡谷，流经吉尼塞乡和吉曲乡时，就进入九曲十八弯的嘉荣峡谷。从高空俯瞰，这段峡谷反复弯折，景观独特，状如一朵莲花，因此也被大横断航拍组称为"莲花峡谷"。

㉓ 达那寺

达那寺位于囊谦县吉尼赛乡的崇山峻岭中，因临近酷似马耳的达那山而得名。达那寺始建于公元12世纪，与格萨尔王的传说紧密相连。不远处的达那山岩洞中，建有格萨尔王及岭国三十大将灵塔。作为噶举派在康区的弘法中心，其独特的金刚舞法会和辩经活动远近闻名。

㉔ 孜珠寺

孜珠寺位于昌都市丁青县，海拔约4800米，"孜珠"藏语意为"六座山峰"，据传已有3000多年历史。作为苯教文化的学术中心之一，孜珠寺完整保存着古老的苯教仪轨和象雄文献，其最重要的法会为12年一度的"极乐与地狱"法会。寺庙依山而建，错落分布于悬崖峭壁间，地形险峻，也被誉为"天空之城"。

1 3
4
2 5

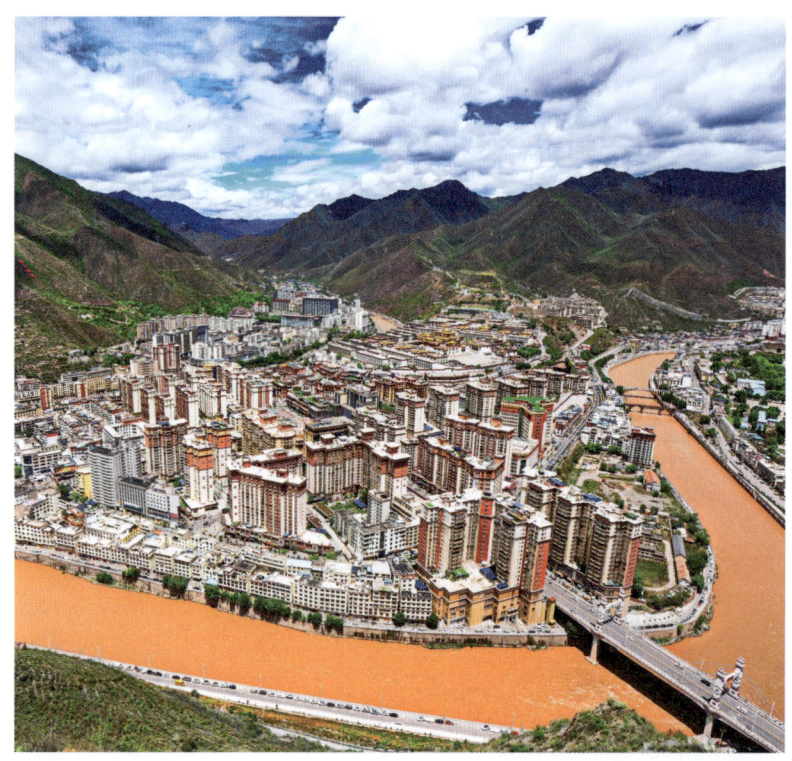

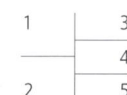

1.昌都　摄影/邮递员
2.孜珠寺　摄影/beatles1919
3.莲花峡谷　摄影/税晓洁
4.昌都红层地貌　摄影/魏建
5.强巴林寺　摄影/邓纬

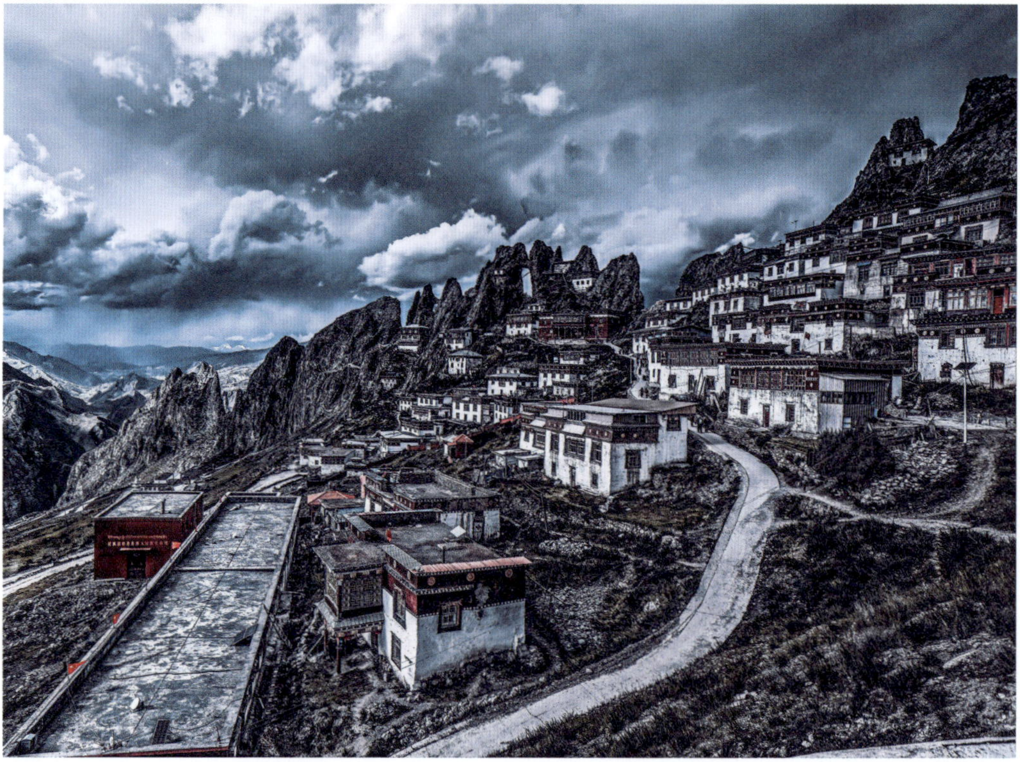

红层地貌：壮阔而瑰丽的大地调色板

"红层"这个名称在中国最早由李四光提出，主要是指中生代以来即三叠系、侏罗系、白垩系和新生代古近系的湖相、河流相、河湖交替相或山麓洪积相等陆相碎屑岩，多以夹层互层出现，从外表来看主要颜色为红色。

中国的红层分布范围很广，面积超过80万平方公里，可以划分为东部、中部、西北部和青藏高原四大红层分布区。我们所熟悉的丹霞、雅丹都是红色出露地面形成的微景观，而更大规模的景观则是红层峡谷、红层山脉、红层丘陵。

横断山区丹霞地貌以云南三江并流区、西藏昌都和川西高原的岭谷红盆为主，其中最大的侏罗系红层分布区位于昌都南面察雅县至芒康县一带，长达170公里，宽近50公里，面积达8500平方公里，这些红层在芒康县如美镇一带发育为丹霞地貌。

昌都丹霞地貌表面常可清晰地看见岩层的构造变动。有的较坚硬的垂直岩层，可形成竖直的岩墙、岩柱；有的沿岩层面崩塌形成丹崖；有的沿较坚硬的岩层形成巨大的突起岩束。各种各样的地层构造，清晰地表现在地貌表面上，这是昌都丹霞地貌的一种特色。

昌都的侏罗纪红层形成于炎热干旱的盆地中，由含铁矿物脱水氧化而成，常常给置身期间的旅行者带来强烈的震撼。

红层地貌：壮阔而瑰丽的大地调色板 ❮ 昌都景观中心 ❮ 川藏北线

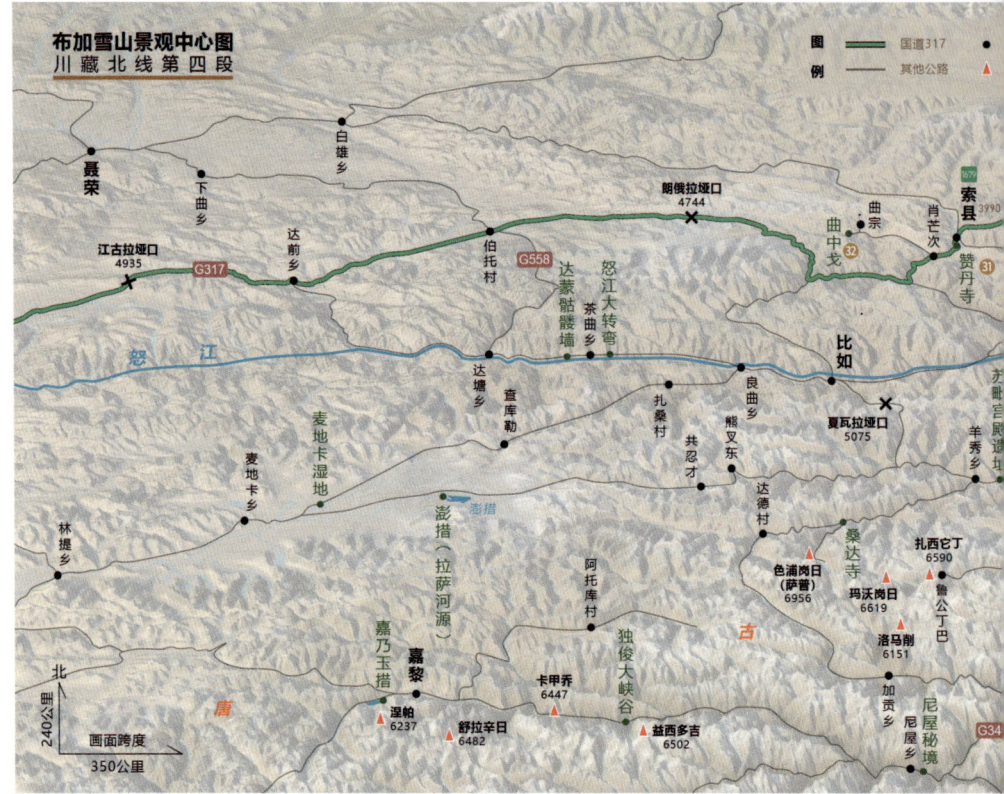

布加雪山景观中心

㉕ 布托湖
布托湖位于丁青县布托村，距丁青县城大约25公里，是布托卡草原的两颗明珠，由东西两个高原湖泊组成，东边为普塘错琼，面积约为6平方公里；西边为布托错青，面积约9平方公里。布托湖处于高谷盆地中，湖水来源于四周雪峰及冰川，湖泊每年11月结冰，4月解冻，滋养了绵延千里的湿地，是众多鱼类和飞禽的栖息地。

㉖ 丁青丹霞
丁青丹霞位于丁青县甘岩乡，行驶在G317上，青山为底，沿途可见绵延不断的红色岩层，橙红色、棕红色、殷红色，色彩斑斓，被誉为横断山脉末端的终极壮美。

㉗ 嘎木乡原始森林
索县位于藏北高原和藏东高山峡谷的结合部，平均海拔4100米，怒江上游的索曲贯穿全境。嘎木乡原始森林位于索县东部的嘎木乡和江达乡，森林中不仅有云杉、冷杉等珍稀植物，还有雪豹、马鸡、鹿、獐子等种类繁多的野生动物。

㉘ 穹雄沟
穹雄沟位于西藏那曲市索县，距离G317约7公里，海拔4500米。穹雄沟内有雪山、冰川、湖泊、草地等，还拥有黑颈鹤、雪鸡、棕熊、雪豹等野生动物。

㉙ 热登寺
索县热登寺位于索县西昌乡强根卡村，距县城约130公里。寺庙依山而建，三面环山，建筑风格独特，体现了藏族传统建筑的精湛工艺。无论是精美的雕刻还是绚丽的色彩，都让人叹为观止。

㉚ 邦纳寺
邦纳寺位于索县色昌乡，海拔约4200米。寺庙有着悠久的历史、独特的建筑风格以及文物价值极高的古老壁画和石刻。寺庙主要为藏族传统的碉房式建筑，殿内壁画、藻井风格独特，兼具齐乌岗巴派画风及明末汉地建筑风格，对研究民族交流及早期怒江流域历史具有较高的研究价值。

㉛ 赞丹寺
赞丹寺位于索县，海拔约4100米。该寺始建于1668年，因其建筑风格酷似布达拉宫而被称为"小布达拉宫"。寺院主体建筑依山而建，红白相间的殿宇错落有致。作为那曲地区重要的宗教文化中心，赞丹寺珍藏有大量的佛教文物和典籍，是了解格鲁派佛教文化的重要场所。

㉜ 曲中戈
在索县县城西南部的曲中戈，有一片人迹罕至的幽谷，这里溪水潺潺，山谷空灵，清澈见底的水中 孕育了高原鱼，它们自由徜徉，丝毫不惧人类。这片湿地由数十个大小不一的湖泊和草甸组成，藏语意为"天鹅栖息的地方"。作为G317沿线的重要生态景观，这片湿地不仅是藏北高原重要的生态系统，更以其独特的湿地风貌和生物多样性，成为研究高原生态环境的天然实验室。

1 | 3 | 4

2 | 5

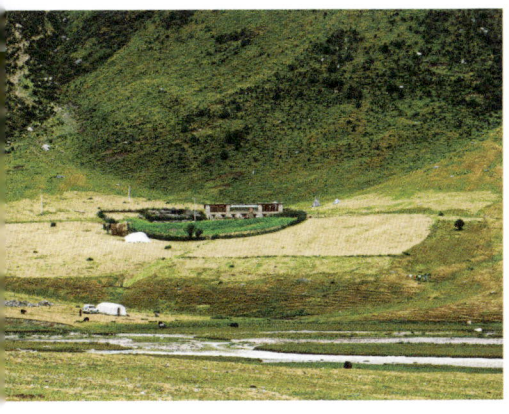

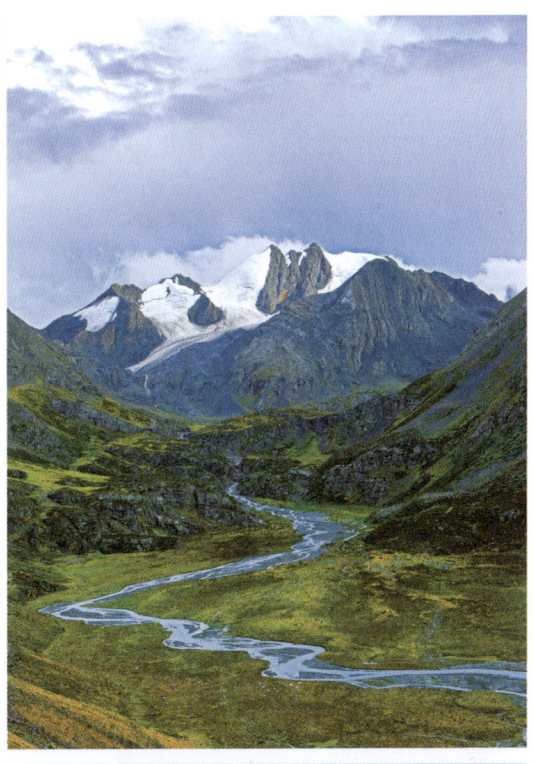

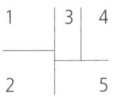

1.布加冰川　摄影/夏一知

2.赞丹寺　摄影/Youdu

3.穹雄沟　摄影/袁蓉荪

4.加日尼腊冰川　摄影/袁蓉荪

5.哈达湾（怒江第一湾）　摄影/袁蓉荪

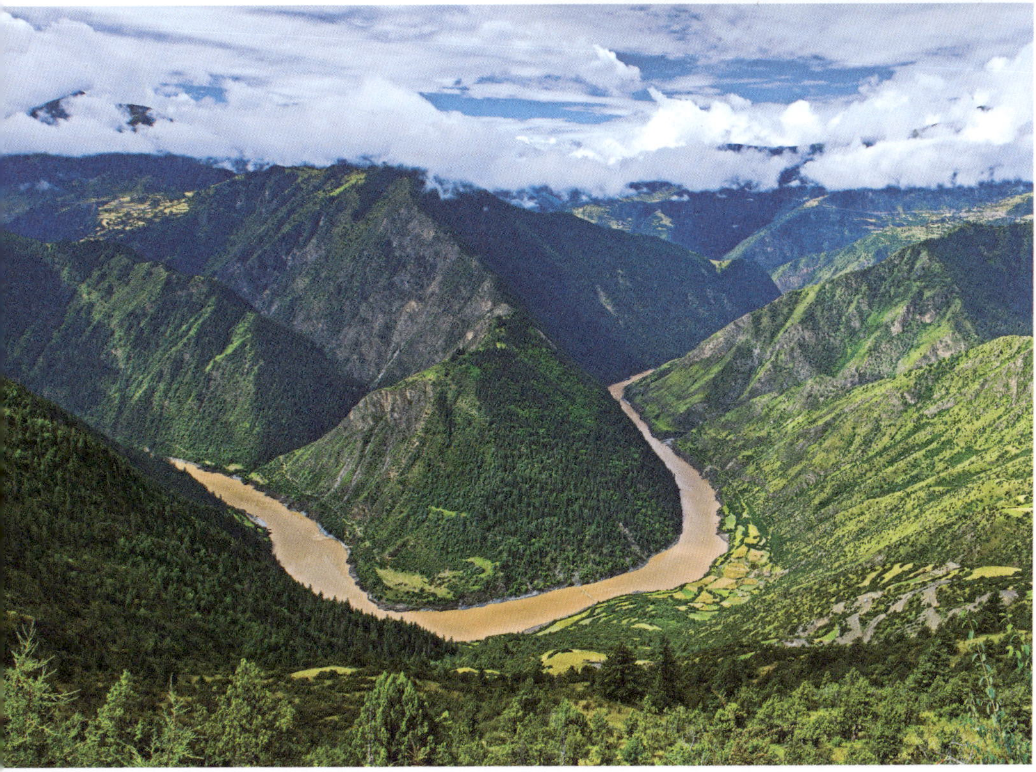

布加雪山：藏东最后的秘境

布加岗日雪山（简称布加雪山）位于丁青县、巴青县、索县三县交界处，是唐古拉山脉东段南坡一个著名的冰川发育中心。在不到20公里长的主山脊上，有16座海拔超过6000米的高峰，最高峰海拔达6328米。

这里共有124条冰川，其中有6条发育完整的巨型悬冰川，每条冰川的末端都有冰湖。南坡的足学会冰川，长度为11公里，面积达35平方公里；另一个是紧挨其东侧的坡戈冰川，长度为10公里，面积为22平方公里。北坡有4条冰川，炳茸冰川从海拔6328米的布加雪山峰顶倾泻而下到海拔4200多米的冰碛湖，落差高度达2100多米。

本地区处于海洋性冰川与大陆性冰川的过渡带上，布加岗日雪山也是我国唯一一座山南北两侧的冰川性质不同的地区，在冰川侵蚀地貌上，兼具阿尔卑斯山地和北欧冰盖峡湾的特点，具有建立中国最美冰川地貌公园的潜质。

北坡冰川观赏攻略

从丁青县尺犊镇出发，沿317国道经甘岩乡、嘎塔乡、江塔村可到达北坡的冰川，全程约85公里，大约需要2小时。汽车可直接开到焖茸冰川下的绿玉湖，在中途一个叫冲拉果的地方右转，开车3~5公里到夏季牧场，然后徒步3公里左右就能到达种给马隆冰川的冰碛湖。这两个冰川目前都不收费。

南坡冰川观赏攻略

足学会冰川和坡戈冰川交通便利，从丁青县日曲朵村出发，沿317国道行进15公里，约半小时就能到达。全程都是铺装路面，车子开起来很舒服。足学会冰川门票15元，坡戈冰川门票25元，每台车再收10元停车费。足学会冰川有木栈道和骑马项目，游客相当多。

川西玉科草原 摄影/暮光

川藏中线

隐世秘境的终极穿越

川藏中线是一条夹在川藏南线与川藏北线之间的小众进藏线路，它既有媲美南线的雪山冰川，又兼具北线的人文景观，还有不亚于丙察察的越野挑战性，因而被称为"最后的秘境"。

从"千碉之国"丹巴到"藏民居艺术之都"道孚，从"女儿国"亚青寺到"隐世佛国"噶陀寺，川藏中线算是一条"身体在地狱，眼睛在天堂"的深度自驾线路。

与川藏南、北线相比，川藏中线没有完整的国道，它在四川段以G350为主，在西藏段以G349（原S303）为主，再依靠旅行者的热血与不懈努力，利用省道、县道、乡道、村道甚至是野道混编而成。

它狂野，是因为沿途存在大量的非铺装路面，是硬核越野自驾人的最爱；它原始，是因为沿途经过的乡村，尚没有被商业元素过多影响；它怀旧，是因为沿途尚未人满为患，是一条能够让旅行者体验"老318"氛围的进藏线。

人生便是如此，便捷舒适与旷野寻幽在很多时候是无法调和的。当大部分旅行者在G317或者G318体会喜怒哀愁之时，川藏中线已悄然成为进藏线路中的后起之秀。当驰骋于这样的天地间，或许正是，勇敢的人，先到达不一样的远方。

川藏中线景观中心分布图

川藏中线 G349 / G350

旅行手帐

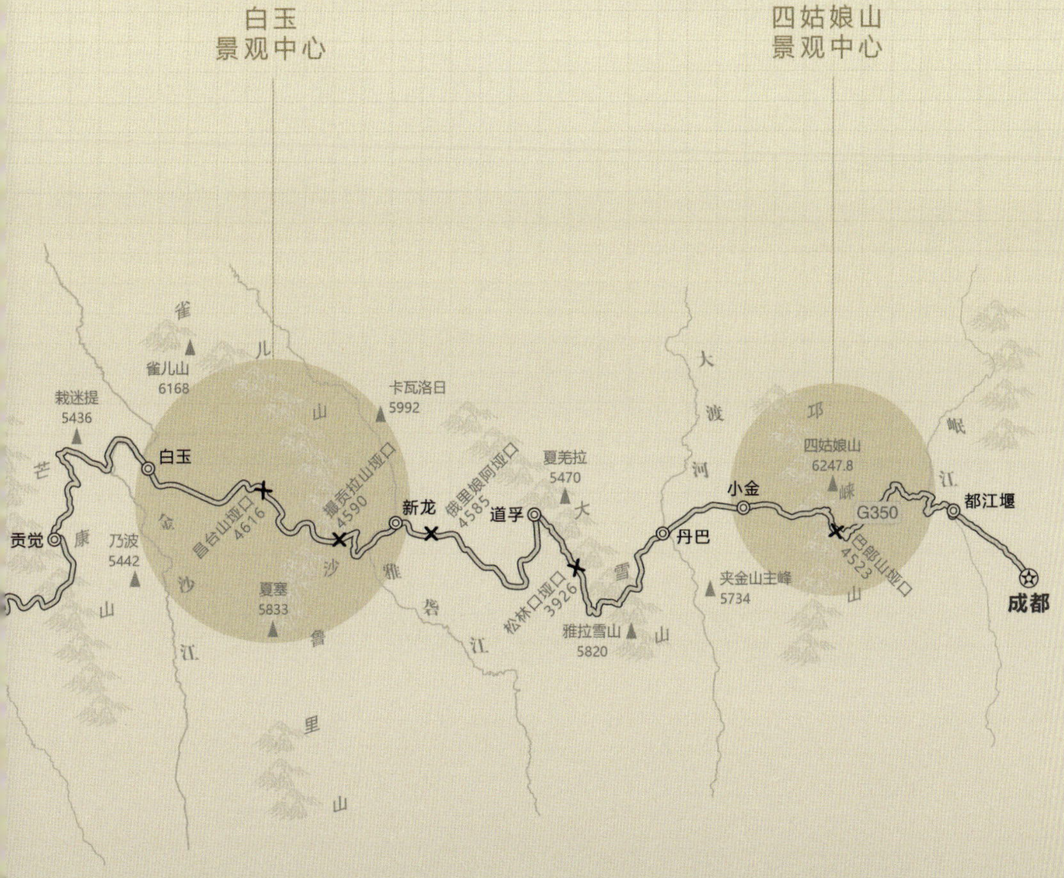

四姑娘山景观中心

① 映秀地震遗址

映秀地震遗址位于汶川县映秀镇，这里是2008年"5·12"汶川地震的震中。漩口中学遗址被完整保留，呈现了当年地震的巨大破坏力。倾倒的教学楼废墟前，安放着一面巨大而破碎的钟，上面的时间定格在2008年14时28分，这正是汶川地震纪念表盘。如今的汶川已建设一新，时光流逝，震后的伤痕也在慢慢疗愈。

② 卧龙中华大熊猫苑

卧龙中华大熊猫苑神树坪基地，位于卧龙特区耿达镇，占地面积约150公顷，平均海拔1700米。基地集大熊猫饲养、繁育、研究、野化培训和放归等功能为一体，拥有数十只大熊猫，其中不乏大众关注度很高的知名熊猫。自驾可达，道路状况良好，如需前往，可关注"卧龙大熊猫苑"公众号，及时了解开园、闭园公告及订票事宜。

③ 达瓦更扎

达瓦更扎位于宝兴县硗碛藏族乡嘎日村，海拔3866米。在雅安诸多观景平台中，达瓦更扎因为直线距离近，成为观看四姑娘山的绝佳观景台。除此以外，在这里还可以南望帕格拉神山，西望贡嘎群峰，东望峨眉山，被誉为"亚洲通达性最高的360°观景平台"。

④ 甲居藏寨

甲居藏寨位于甘孜州丹巴县，以其独特的风格在《中国国家地理》杂志组织的"选美中国"活动中被评选为"中国最美六大乡村古镇"，"甲居"在藏语里意为百户人家。藏寨依山而建，从大金河谷层层向上，在相对高差近千米的山坡上，一幢幢红白黑配色、美观统一的藏式民居散落在绿树丛中。每逢三月，丹巴藏寨会迎来"千树万树梨花开"的盛景。

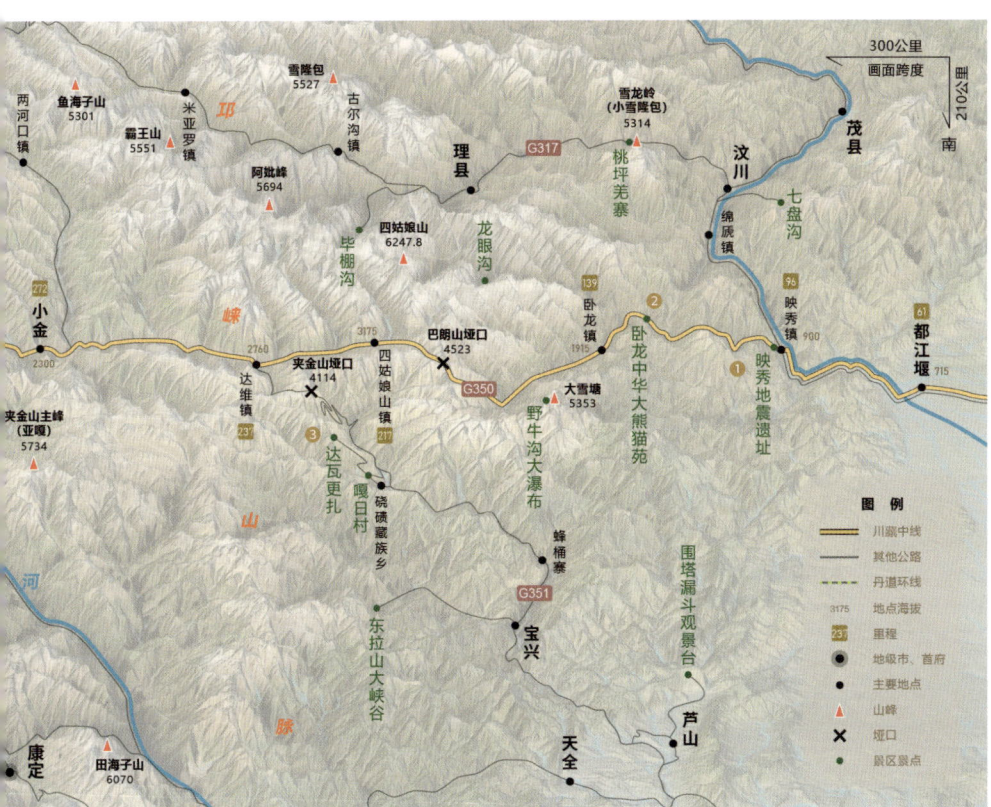

❺ 墨石公园

墨石公园位于道孚县八美镇卡玛村与中古村交界处,海拔约3500米。墨石公园独特的糜棱岩,是断裂带的产物,再经过风化和侵蚀,形成千姿百态的石柱、石笋以及奇特的石林地貌,如外星异域。石林色泽受水汽影响较大,干燥时呈浅灰色或浅蓝色,湿润时为浓郁幽深的黑色。

❻ 惠远寺

惠远寺,藏名为"噶达强巴林",位于道孚县八美镇协德乡,海拔约3600米。惠远寺始建于清雍正七年(1729年),为清朝政府保护七世达赖喇嘛格桑嘉措所建。寺庙占地约4500平方米,刻于大门的"九龙九狮"代表着它的地位,从布局到设计,均遵循着当年的皇家寺院规格。

❼ 龙灯草原

龙灯草原位于道孚县龙灯乡,海拔3500米,四周被连绵起伏的雪山包围,杂玛河蜿蜒而过,水草丰美,沃野千里。草原上有格萨尔王遗迹,相传格萨尔王曾在此安营扎寨,因此也被称为"格萨尔通"。夏季,花卉竞相绽放,赛马节和格萨尔藏戏都是当地比较盛大的活动。

❽ 扎坝大峡谷

扎坝大峡谷地处道孚县南,全长约150公里,海拔约2700米,鲜水河在谷底形成一个个回湾。扎坝人被认为可能是历史上失踪的"东女国"后裔,至今仍保留着走婚传统,是迄今为止除泸沽湖以外第二个仍有母系文化的地区。"爬房子"是扎坝人约定俗成的走婚方式,但前提条件是双方事先有约。随着世代的变迁,扎坝地区的年轻一代们也在逐渐向现代婚俗过渡。

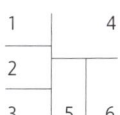

```
1   4
2
3   5  6
```

1. 玉科草原 摄影 / 贾科
2. 达瓦更扎 摄影 / XieRitian
3. 甲居藏寨 摄影 / JACKIE918
4. 惠远寺 摄影 / 像语者
5. 卧龙中华大熊猫苑 摄影 / 舟自横
6. 墨石公园 摄影 / 刘剑伟

丹道环线：川西终极公路

在大横断深处，蜿蜒着一条用云霞与经幡编织的线路，这就是丹道环线。

这条丹巴与道孚之间的环线旅游通道，全长360公里，也被自驾者奉为"川西终极公路"。它起于大渡河谷的"千碉之国"，经过鲜水河畔的藏式宫殿群，沿途可以观赏气势磅礴的雅拉雪山，奇异独特的墨石公园，辽阔无垠的玉科草原，以及天水一色的甲依拉措。

丹道环线集雪山、草甸、河流、海子、森林、寺庙、藏寨、古碉于一体，融多个民族文化为一身，是一条历史文化与自然风光兼具的自驾路线。

丹道环线的海拔主要处于3500至4800米之间，虽然不同的季节会呈现出不同的自然风光，但一般来说，7月至8月和10月中下旬至11月中上旬是最佳游玩时间。

川西大环线：最近的遥远

在旅行者的眼里，川西是进藏的开始；在车友的脚下，川西是G317与G318的不期而遇；在地理学家的书中，如果说横断山是中国最美的地方，那川西就是它最波澜壮阔的华章。

在我国西部，川藏北线和川藏南线贯穿东西，它们同跨越南北的数条国道一起，构架出通往川西无数盛景的条条通途，而川西大环线，无疑是其中一条景观极为丰富的自驾路线。

雪山、冰川、峡谷、湖泊、草原……这是一场目不暇接的奔赴，只有亲自走过才能体会，川西不仅有九寨和黄龙、海螺沟和贡嘎、稻城亚丁和香格里拉，还有高城理塘和朝圣的色达。

什么是川西最好的季节？答案是：川西的山与河，同变幻的四季，足以排列组合出多样的风景。

川西的春天是被花唤醒的，在金川、丹巴，当高原清冽的风吹过田野，将在此邂逅一场浪漫的梨花雪；盛夏是川西最热闹的季节，雪山环抱，植被葱茏，微风不燥，野花成海，这里是躲避喧嚣的世外桃源；川西的秋天并不属于萧瑟，枫树和槭树，还有高原的水土，将草木幻化出七彩的颜色；到了寒冬，川西便是冰雪的世界了，"他朝若是同淋雪，此生也算共白头"，皑皑神山脚下，这是一份与雪相约的浪漫。

读懂川西的人，作家阿来当属之一，"最近的遥远"，贴切表达了川西在自然秘境与人间烟火间保持着微妙平衡，它令你相信"神灵"自有居所，它令你释怀烦忧皆如烟尘，它集齐了藏地所有美景密码却又如此容易抵达。

1
—
2

1.黄龙五彩池　摄影/wede
2.八美墨石公园　摄影/Cdf

川西大环线：最近的遥远 ‹ 四姑娘山景观中心 ‹ 川藏中线

白玉景观中心

⑨ 拉日马石板藏寨

石板藏寨位于新龙县拉日马镇扎宗村，整个村子三面环山，民居大多为两层，四壁用石块或泥土垒建，屋顶覆石板，一宅一院，错落有致。房屋上有精美的雕刻和彩绘装饰，展现出村落的独特、古朴与神秘。

⑩ 拉日马草原

拉日马草原位于甘孜州新龙县拉日马乡，海拔3600~4500米，意为"神仙居住的地方"。这里三面环山，遍布溪流和大大小小的海子，每逢夏季，鲜花的海洋、苍翠的林海和洁白的雪山，呈现出川西高寒草原的立体之美。

⑪ 措卡湖

措卡湖位于新龙县麻日乡，距县城32公里。湖水颜色如碧玉般晶莹，并会随着时间、光线、角度的不同而产生丰富的变化，充满灵气。措卡湖四周群山环绕，如镜的湖面倒映出红墙金顶的措卡寺、圣洁的白塔、艳丽的藏寨、郁郁葱葱的森林以及高耸的雪山，虚实交相辉映，构成了一幅静谧而美好的画卷。

⑫ 亚青寺

亚青寺四面环山，坐落在甘孜州白玉县阿察镇昌托村，海拔近4000米。常住僧尼约20000人，修行者主要为女性，称为"觉姆"。由昌曲河围成的觉姆岛上，成年男性不得踏足，成千上万的小木屋整齐排列，比邻而筑，形成了独特的风景。高原的严寒之下，这些简易的小屋既是觉姆的居住之所，也是她们的修行之地。

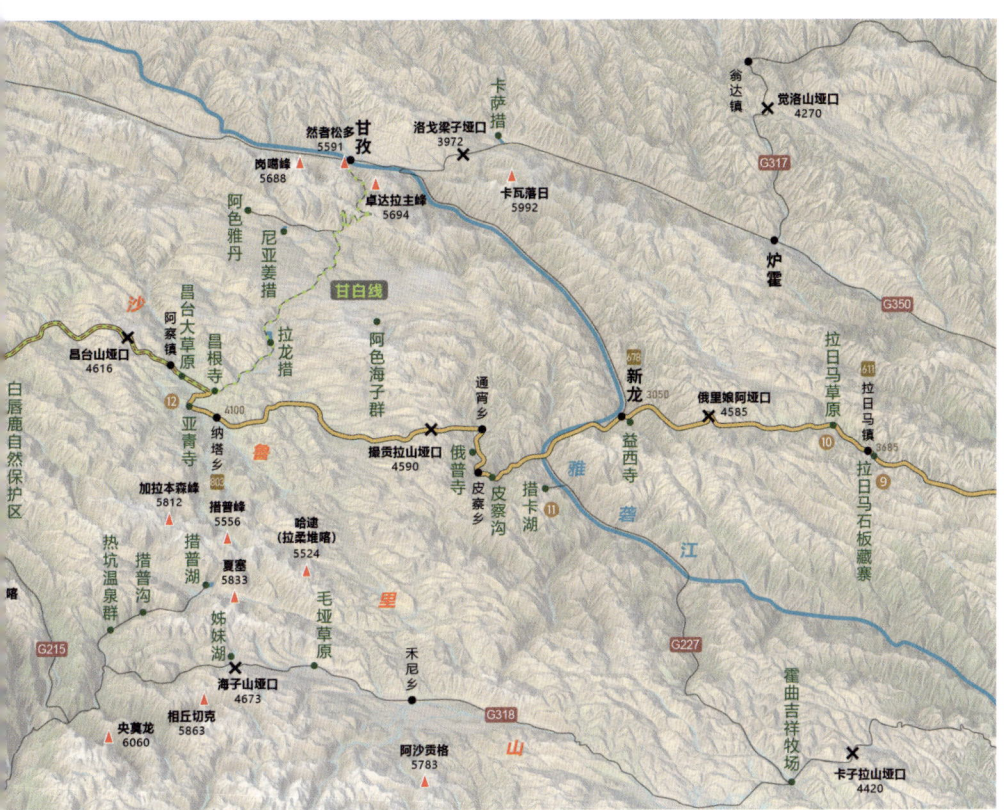

⑬ 察青松多白唇鹿自然保护区

察青松多白唇鹿自然保护区位于白玉县东南部，距县城60公里，藏语意为"两河交汇的三岔口"。这里河谷开阔，溪流蜿蜒，有保存良好的原始森林、湿地、草原、流石滩等，是众多野生动植物的乐园。保护区繁衍生息着白唇鹿、金钱豹等珍稀野生动物，其中白唇鹿是最主要的保护物种，属中国特有，种群数占世界存量的一半以上。

⑭ 山岩父系部落

山岩，藏语意为"地势险恶"，位于甘孜州白玉县南部。这里的部落以男性血缘为纽带，仍留存着具有父系遗风的"戈巴"组织。山岩的民居状如碉堡，通常是很多家修在一起，相互由暗门连通，墙上有望孔和枪眼。

⑮ 噶陀寺

噶陀寺位于甘孜州白玉县河坡镇白龙沟的多尼山山腰，海拔4000米，距县城约50公里，是中国藏传佛教宁玛派六大寺院之一，被尊为"第二金刚座"，这里的中阴文武百尊坛城和十明佛学院声名远播。寺院建筑群金碧辉煌，每个细节都透出精工之美，堪称一座宏大精美的"半山之城"。

⑯ 仁达摩崖造像

仁达摩崖造像位于昌都市察雅县香堆镇的丹玛山，石刻最初建成于唐贞元二十年，融汉藏铭文和刻像为一体，由汉藏高僧及工匠共同雕刻而成，包含大日如来佛、陪衬佛八大随从弟子、飞天女神，以及松赞干布和文成公主等刻像，是藏东一带唯一能确定为吐蕃时期的造像铭文。

1.措卡湖　摄影 / Stone
2.白玉寺　摄影 / Youdu
3.山岩　摄影/ 税晓洁
4.噶陀寺　摄影 / hjh
5.甘白路　摄影 / Bellyu1
6.亚青寺　摄影 / 大漠

甘白线：中国绝美县道

甘白线，顾名思义是从甘孜县到白玉县的一条通道，起于甘孜县南多乡，终于白玉县，长约220公里，全程基本为铺装路面，驾驶体验极佳。到达白玉县城之后，既可继续南下前往G318上的巴塘，也可北上前往G317线上的德格。

甘白线的精华风景包括莲宝叶则般的"魔界"山谷、万年前的冰川侵蚀遗址、拉龙措国家湿地公园以及一望无际的昌台大草原。

除了主路风光极佳之外，岔路也有不可错过的"大牌"景区。穿越卓达拉山隧道后下山会途经银多乡，此处有岔路可前往新龙红山；从拉龙措国家湿地公园继续往前到达亚青执勤站，在此左转顺着S314行驶约7公里，就到了亚青寺。

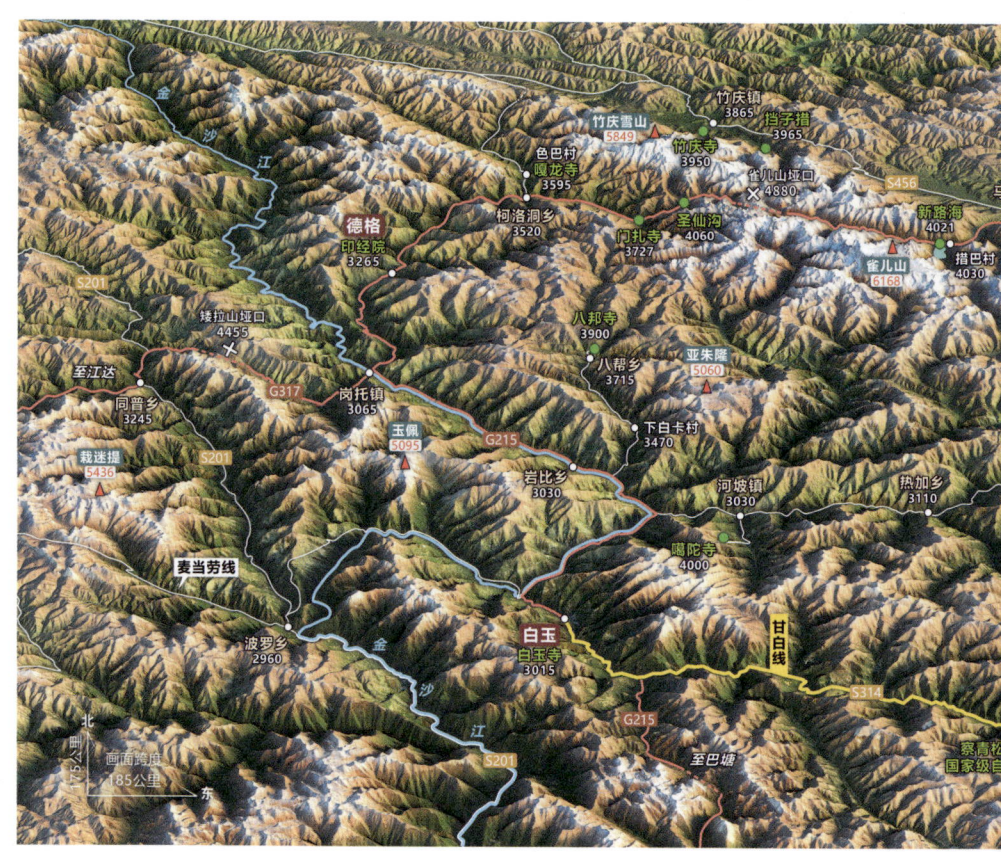

麦当劳线：热血铸就的传奇

从白玉经波罗乡到贡觉，这是川藏中线上最为艰难危险的一段路，因为这段路像一个大写的"M"，车友形象地称它为"麦当劳线"。

在过去，沿川藏中线行至白玉需要向北借道G317从岗托过金沙江进藏，这就让川藏中线没法成为一条独立的进藏线。直到2020年，来自越野e族珠海中队的铁拐李、真我、大宝和小陆风等勘路者，尝试从白玉过金沙江穿越到贡觉，第一次走通了现在著名的麦当劳线。在如今各条进藏路线都被翻新建设成铺装路的时代，麦当劳线以充满艰辛挑战的原生态显得弥足珍贵。

洛隆景观中心

⑰ 邦达草原

邦达草原位于昌都市八宿县东北部,平均海拔约4200米,长约80公里,宽约20公里,地势广阔,是他念他翁山主脊上的高寒草原,有"苍鹰飞不出的草原"之称。怒江支流玉曲河蜿蜒其间,分割出大大小小的草场,夏季雨水和雪山融水在这里会形成众多溪流和沼泽。

⑱ 日吾措

日吾措又名仁措湖,藏语意为"山湖",也是当地的"神湖"。湖泊位于八宿县郭庆乡那塔村,海拔约4400米,转湖一圈需要一天时间,访客稀少。湖水来源于雪山冰峰,水源充足,水质纯净清澈,渔业资源十分丰富。

⑲ 加玉桥

加玉桥位于洛隆县县城东北部约65公里处,是川滇藏茶马古道的咽喉之地。加玉桥又名嘉玉桥,为藏族传统的石木结构桥,曾是茶马古道最大的骡马桥,也曾是怒江上唯一的大桥,现仅存残破桥墩以及龙王庙残垣断壁的遗址。

⑳ 背水仙女山

背水仙女山位于洛隆县县城东部35公里处,G349沿线,海拔约4300米,是藏东著名的自然奇观,又名五指山。群山之中,峰顶之上,高高矗立着几座奇峰,任何角度看均似三位背水的藏族姑娘。背水仙女山以其独特的地貌,成为茶马古道上重要的文化景观和地理标志之一。

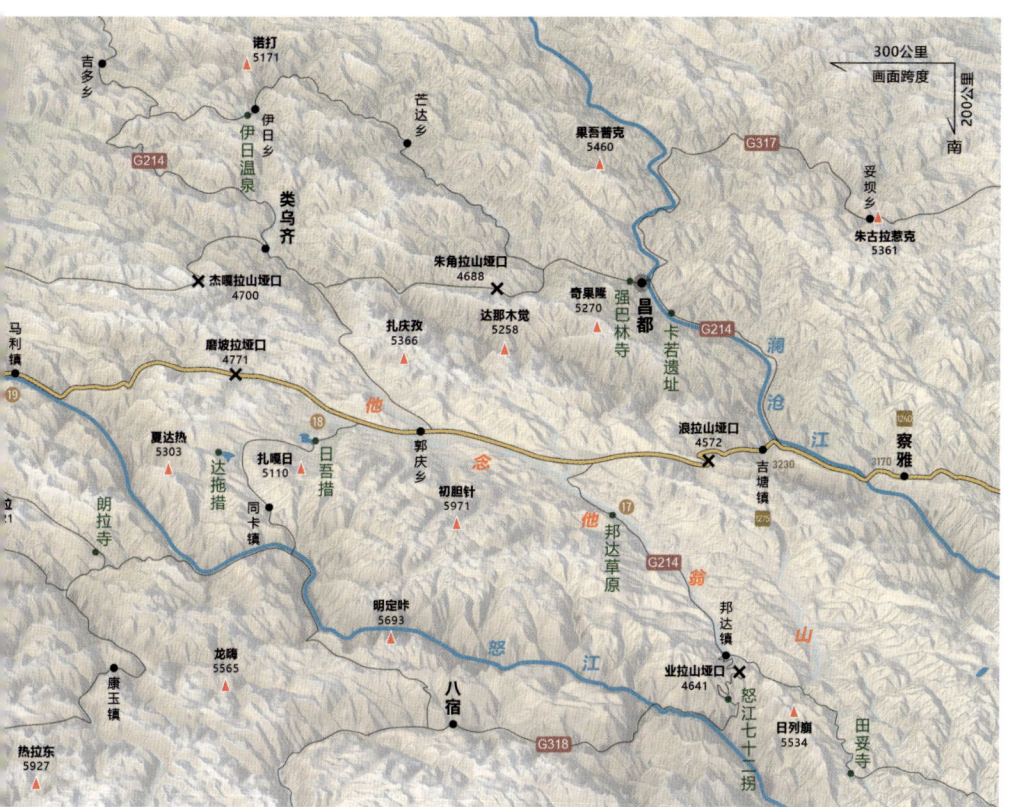

㉑ **硕督古城**

硕督古城距洛隆县县城不远，历史上是茶马古道的重要驿站和川藏线上的重镇，曾为宗政所在地，名为硕督宗。曾经的硕督宗是周边的经济中心，商贾云集，贸易发达，常住人口五六千人，然而时移世易，仅剩残垣断壁。山顶的古城墙，据说清末时清军按照北京八达岭长城的风格对其进行维护和加固，有5个烽火台，现存城墙约1500米。

㉒ **卓玛朗措**

卓玛朗措位于洛隆县南，藏语意为"度母女神湖"，是洛隆县的母亲湖，也是藏东圣湖。湖面全长约5公里，最宽的地方约1.5公里，由大小21个湖泊组成。卓玛朗措湖水清澈，如蓝似绿，变幻无穷，如同一块镶嵌于群山之间的宝石。

㉓ **杏花村**

俄西乡贡中村位于洛隆县的西北部，距县城42公里，是西藏著名的杏花村。这里地势开阔，日照充足，独特的地理条件造就了优越的杏树生长环境。每年4月，漫山遍野的杏花开放，缤纷灿烂，堪比林芝桃花胜景。

㉔ **达宗遗址**

达宗遗址位于西藏昌都市边坝县东南部，在三色湖的黄湖与黑湖之间，海拔4100米，居高临下，地势险峻，易守难攻。达宗遗址有数百年的历史，藏语"达"意为"老虎"，"达宗"得名于遗址下方的岩石上有老虎下山的图案。当年规模庞大的宗堡，如今虽然只有部分石质高墙矗立在山顶，仍旧可以想象出当时的显赫地位。

1		3
	4	
2		5

1. 邦达草原　摄影/李林
2. 俄西乡杏花村　摄影/李坚强
3. 日吾措　摄影/陈春石
4. 祥格拉冰川湖　摄影/陈春石
5. 硕督古城　摄影/ Youdu

三色湖：念青唐古拉南麓的幻彩仙境

三色湖位于边坝县边坝镇普玉村，海拔约4100米，距县城50公里，从成都方向过来，在显俄村左转便可以进入三色湖景区。

三色湖分别由黑、白、黄三种颜色的三个湖组成，成"品"字形排列，湖与湖之间由低山平台隔开，为山谷低洼地带多年的冰雪积水形成，总面积约15万平方米，水存储量280万立方米。

黑湖面积最大，其"Z"形湖岸蜿蜒于山影之下，黝黑的岩壁浸入湖底，使湖水显得幽黑，藏语称之为"措那"；白湖藏语称"措嘎"，处黑湖下游，地势平坦，砂石沉积的湖滩泛着银白，清澈的湖水倒映着雪山、绿树，鱼群跃动，静谧中透出勃勃生机；面积最小的黄湖位于上部，由于湖内富含黄色矿物，得名"黄湖"，藏语称"措斯"。

三色湖景区兼具湖泊、雪山、植被、河滩、瀑布之美，冰雪融水的滋养、矿物质的沉淀和高原阳光的映射，更赋予了湖面灵动、澄澈的色彩。

三色湖景区有湿地，建有栈道，可和当地藏民一起转湖祈福。

三色湖往上前行数公里，即可到贡嘎蓝冰洞和祥格拉冰川。贡嘎蓝冰洞拥有绝美的弧拱造型，宛如水晶宫殿，不论长度还是面积，都属西藏冰洞中的佼佼者。祥格拉冰川则是怒江上游支流麦曲的主要水源。

三色湖 摄影/罗兰

三色湖：念青唐古拉南麓的幻彩仙境 ❮ 洛隆景观中心 ❮ 川藏中线

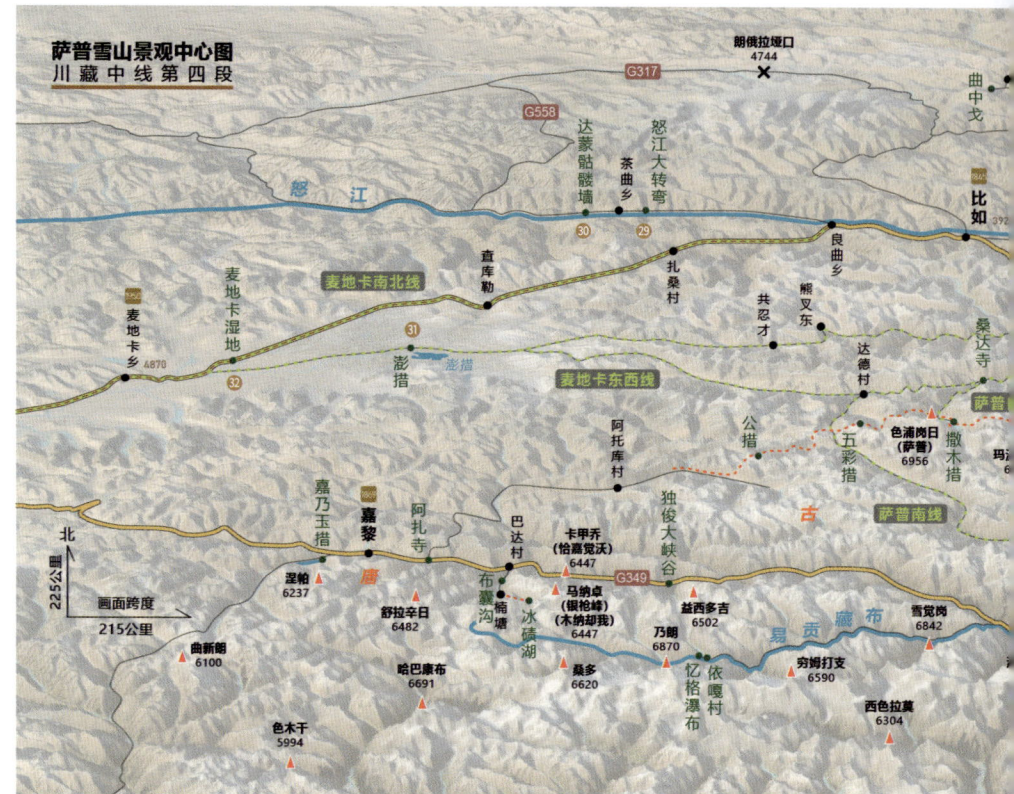

萨普雪山景观中心

㉕ 边坝寺
边坝，藏语意为"吉祥火焰"。边坝寺位于昌都市边坝县边坝镇夏林村，海拔约3800米，是一座历史悠久的藏传佛教寺院，鼎盛时期有2500名僧人。该寺始建于元代，寺内珍藏着大量珍贵文物，如鎏金佛像、长寿三尊唐卡和大威德金刚唐卡，是当地重要的宗教活动场所之一。

㉖ 夏贡拉山
夏贡拉山雄踞于边坝县境内，也称"丹达山"，藏语意为"东雪山"，海拔5298米，山势险峻，气候恶劣，曾是茶马古道前往拉萨最难翻越的雪山。在夏贡拉山隧道开通前，边坝的金岭乡几乎与世隔绝。2024年9月，夏贡拉山隧道建成通车，"进藏第一险"变为通途。

㉗ 沙棘林
金岭乡雪山环绕，这里有绵延10多公里的沙棘林，树形高大粗壮，形态各异，当地人将沙棘称为"拉辛"，藏语意为"神魂树"。沙棘林深处，是长约6公里的千年冰川湖炯拉措，其水源来自四周冰川融水。高大的冰川延伸到冰湖，清冽的湖水中漂浮着晶莹的冰块，湖水呈淡绿色，景色十分梦幻。

㉘ 苏毗宫殿遗址
苏毗，藏语称为"孙波"，曾与象雄、雅砻同为三大部落联盟，极度强悍。苏毗主要分布在藏北草原一带，比如县境内的宫殿遗址主要位于羊秀乡和白嘎乡，现存古碉楼、夯土城墙基址，其历史能追溯到7世纪，在"女儿国"的考古和历史研究上有重要价值。

㉙ 怒江大转弯

说到"怒江第一湾",人们会想到云南丙中洛的半圆形大湾,其实,从地理位置来说,怒江第一湾应该位于G558旁的比如县茶曲乡。从唐古拉山脉南麓奔流而来的那曲河,经过茶曲乡深深的峡谷,在这里形成了一个S形的大拐弯。由于山顶和谷底的高差极大,站在悬崖边的观景台俯瞰,场景十分壮观。

㉚ 达蒙骷髅墙

达蒙骷髅墙位于那曲比如县达蒙寺内,又称"达蒙骷髅墙天葬院",海拔约4500米。这座由真人头骨堆砌而成的骷髅墙,是藏传佛教"天葬"文化的特殊见证。墙上的骷髅按一定仪式排列,部分头骨上还刻有经文,展现了藏文明在生死哲学层面的多元整合能力。

㉛ 澎措

澎措,位于那曲地区嘉黎县,念青唐古拉山脉的雪山和冰川融水,孕育了这个麦地卡湿地最大的湖泊。湖水澄澈如蓝色宝石,四周雪山环抱。从澎措流淌出的麦地藏布是拉萨河的源头。

㉜ 麦地卡湿地

麦地卡湿地地处嘉黎县,藏语意为"像马蹄印的地方",这里平均海拔4900米,是世界上海拔最高的大型湿地生态系统之一。麦地卡湿地穿越热度很高,但因海拔高,地形复杂,气候多变等因素,路况虽有所改善,但仍需谨慎前往,更不适宜单车前往。湿地已被列入《国际重要湿地名录》,穿越时尽量不偏离路基,以保护湿地环境。

1. 达宗遗址　摄影/wanghongjv
2. 萨普雪山　摄影/章发进
3. 麦地卡湿地　摄影/老虞
4. 萨普雪山下的冰湖　摄影/白日
5. 夏贡拉山垭口风光　摄影/张朔

萨普雪山景观中心 ‹ 川藏中线

萨普：雪山深处的伊甸园

萨普位于那曲市比如县羊秀乡普宗沟境内，这里冰川壮丽，湖泊宁静，草场丰美，对于喜爱寻求宁静和探索未知的人来说，无疑是一个理想之地。

萨普神山主峰是念青唐古拉山脉东段的最高峰色浦岗日，海拔6956米。英国登山队曾于1997年至1998年多次尝试攀登萨普神山主峰的肩部，但都以失败告终，并就此写了一本书Tibet's Secret Mountain-The Triumph of SEPU-KANGRI（译名：《西藏神秘山峰——色浦岗日归来》）。

萨普是群山中的最高峰，在其周围还有诸多雪山，如萨普的妻子、萨普的二儿子、萨普的长子、萨普的女儿、萨普的医生等山峰。

金字塔的造型充满神秘色彩，而萨普却有两座近乎完美的金字塔形山峰。萨普的二儿子（格桑塔措）是标准的等腰三角形，在特定角度下，它甚至看起来是等边三角形，大自然之力能够创造出如此完美的几何图形，令人叹为观止。

萨普之美，不只在于雪山，更在于神山圣湖的集合，以及与整体景观的高度适配。

萨普之令人着迷，不全在视觉，还在于它容易亲近，以及关于它的诸多传说。

萨普徒步路线

D1：徒步起点—斯容垭口—河谷草原营地

D2：河谷草原营地—马鞍垭口—临路垭口—铁皮房子

D3：铁皮房子—央琼垭口—观景客栈

D4：观景客栈—小冰湖—湖头营地

D5：湖头营地—萨那垭口—绿度母湖营地

D6：绿度母湖营地—白度母湖—蓝房子营地

D7：蓝房子营地—鹰嘴垭口—草坡营地

D8：草坡营地—赤竹村

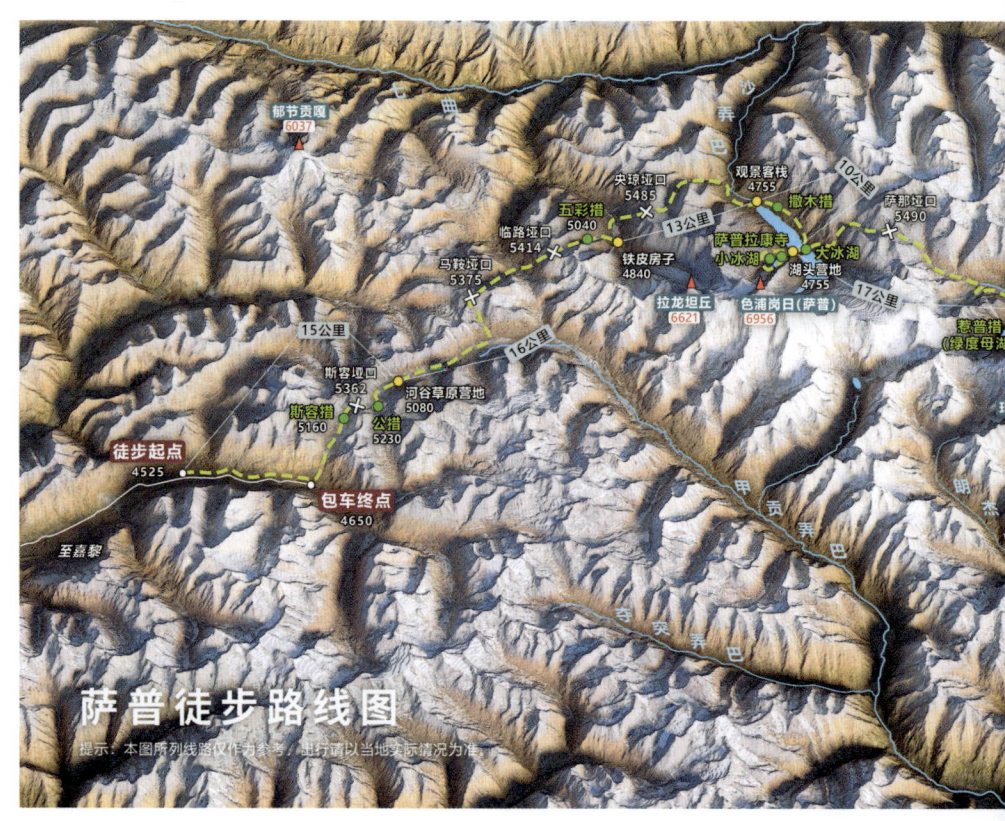

萨普营地　摄影 / 李心意

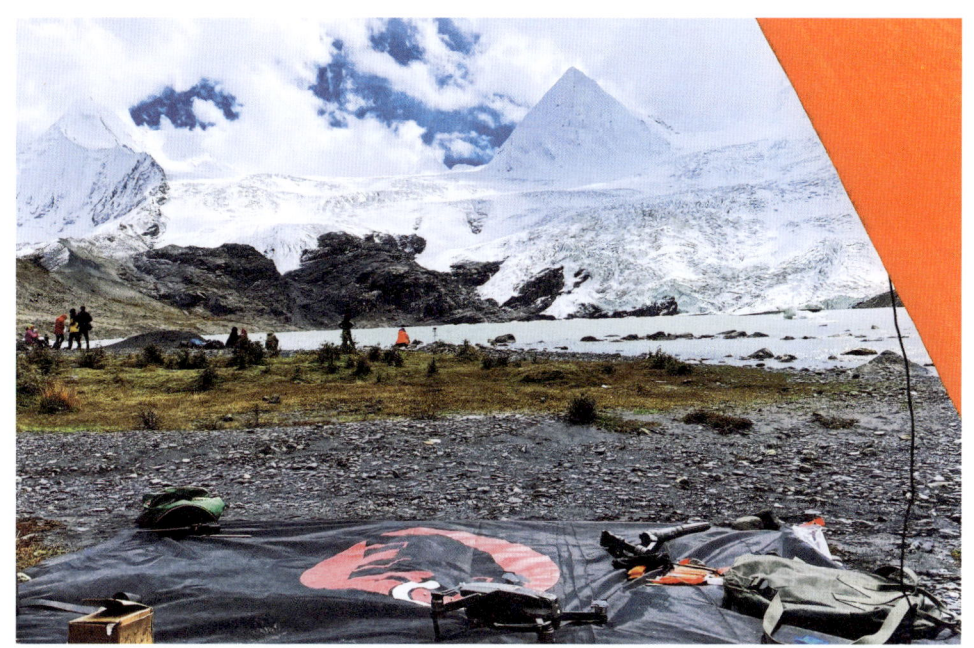

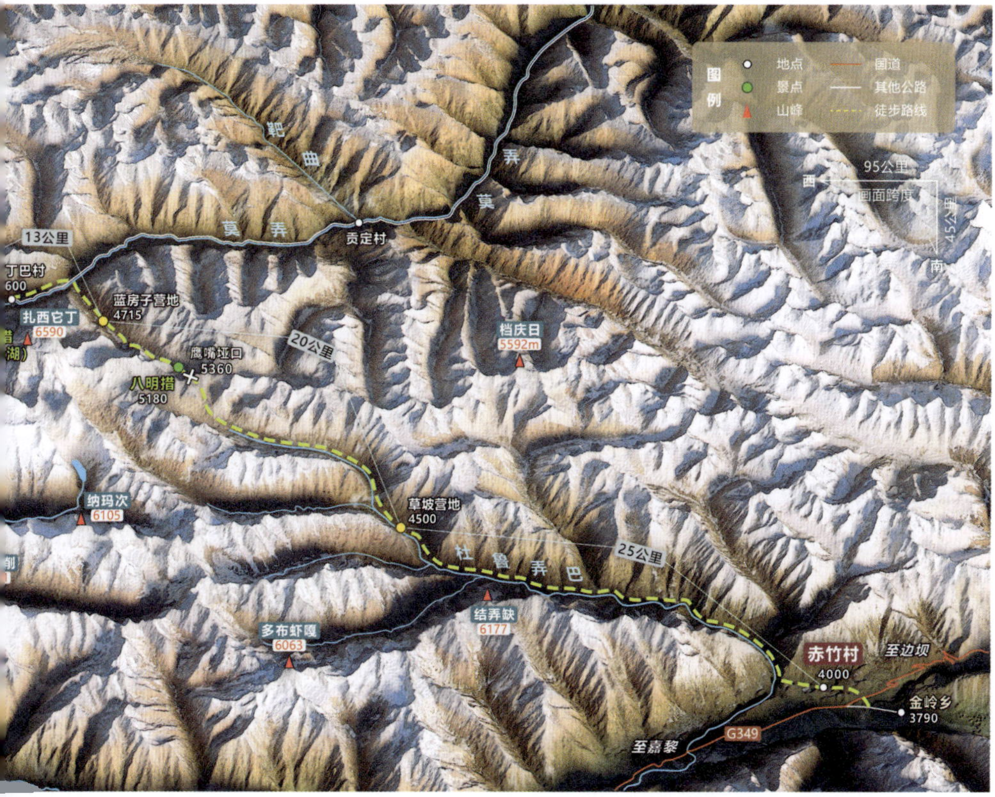

图例
地点
景点
山峰
国道
其他公路
徒步路线
95公里
西
画面跨度
45公里
南
耙
曲
弄
莫
莫
弄
贡定村
13公里
丁巴村
600
扎西它丁
6590
湖）
蓝房子营地
4715
20公里
鹰嘴垭口
5360
八明措
5180
档庆日
5592m
纳玛次
6105
草坡营地
4500
杜
鲁
弄
巴
25公里
结弄缺
6177
多布虾嘎
6063
赤竹村
4000
至边坝
金岭乡
3790
G349
至嘉黎

麦地卡线：穿越高海拔湿地

　　麦地卡湿地位于那曲市嘉黎县麦地卡乡的麦地卡盆地，总面积88052.37公顷，平均海拔4900米，这里是怒江上游支流罗曲、姐曲和易贡藏布上游徐达曲及拉萨河上游麦地藏布三大水系的发源地，属于藏北地区最为典型的高原湖泊沼泽草甸湿地。

　　麦地卡，在藏语中的意思就是"像马蹄印的地方"。不用航拍，站在稍高的山丘之上就能看到湿地内的湖泊像被马蹄踩过留下的小水洼。湿地里分布着260多个大小不等的湖泊，叫得出名字的就有180多个，而最大的湖泊则是位于湿地核心的澎措，从澎措流淌出的麦地藏布是拉萨河的源头。

　　麦地卡湿地是黑颈鹤、赤麻鸭等珍稀鸟类的迁徙停歇地和繁殖地，每年有20多万只候鸟来此栖息。每年的5月、6月，成群的黑颈鹤、斑头雁回到这里，在草地上栖息、繁殖。同时这里也是高原鱼类洄游、产卵育幼场所，还分布有藏原羚、岩羊、盘羊、狼、猞猁、棕熊等珍稀野生动物。

　　由于生态保护的原因，麦地卡湿地至今仍未进行旅游开发，零星散落在湿地的蓝色铁皮屋是工作人员使用的巡护站。离湿地最近的麦地卡乡，即原来的措拉乡，至今无法提供旅游接待服务。

麦地卡湿地穿越路线

穿越麦地卡湿地需根据路线难度选择车辆和装备，核心路线分为南北线和东西线，最佳穿越时间为5~9月。

1. 常规穿越：南北线

从嘉黎县林堤乡出发沿林措线至比如县良曲乡，全程约140公里，需4~5小时完成。

这条线大部分是土路。路碑380~337为柏油路面，路况较好。路碑337~250为沙石路面，部分路段可能存在落石，建议驾驶两驱或四驱SUV，小轿车不太适合。

2. 极限越野：东西线

比如县羊秀乡至嘉黎县林堤乡，分为东西一线和东西二线，东西二线和萨普南线在达德村汇合。东西线途经拉萨河正源澎措，穿越整个湿地核心区，平均海拔5000米，全程约100公里，需耗时8~12小时。东西向穿越是一条真正的顶级越野路线，沿途会蹚过无数条小河流，行驶在高山沼泽、草甸之中，需要在没有路迹时准确识别方向。澎措附近40公里为沼泽、草甸，需自行探路，频繁涉水且易陷车，必须硬派越野，需携带绞盘、脱困板等救援工具。

麦地卡湿地 摄影/老虞

白马雪山 摄影/Along

滇藏线

从彩云之南到雪域高原

有人说，在每一个旅人的心里，都有一条无法替代的进藏之路。

从昆明到拉萨，从彩云之南到世界之巅，滇藏线正是这样的传奇。

这条由G214和G318组合而成的进藏线，横跨金沙江、澜沧江、怒江，穿越无数雪山、冰川、湖泊、峡谷、森林和草甸，串连起沿途众多村落和城市的故事与传说，汇聚了西部丰富多彩的文化，展示了叹为观止的极致景观。

横断山脉历经沧海桑田、板块撞击、大陆漂移和造山运动，穿行其间的滇藏之路，不仅是峡谷河流的伴行之路，高原湖泊的梦回之路，雪峰林立的朝圣之路，更是多元文化的体验之路。

滇藏线景观中心分布图

大理景观中

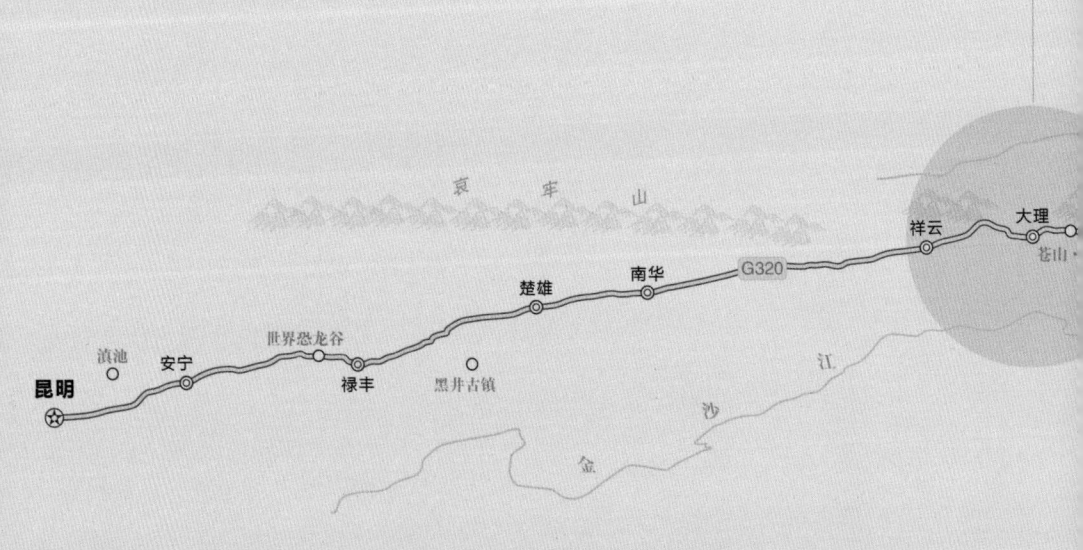

滇藏线 G214

旅行手帐

香格里拉景观中心

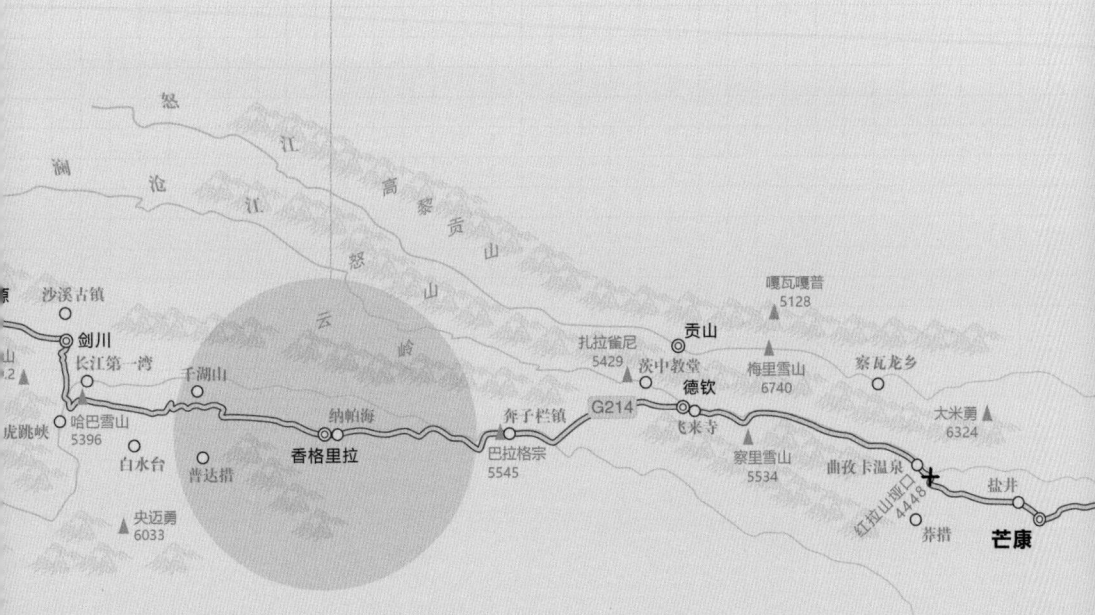

大理景观中心

① 世界恐龙谷
世界恐龙谷位于云南楚雄禄丰市,以"中国恐龙原乡"闻名于世。这里埋藏着距今1.8亿年至1.35亿年的侏罗纪时期的恐龙化石群,被誉为"恐龙化石的宝库"。恐龙谷分为恐龙文化科普展示区、恐龙时空乐园以及恐龙度假村三部分,核心展区恐龙遗址馆内,数百具化石陈列,再现了曾经的奇迹。

② 黑井古镇
黑井古镇位于云南龙川江畔,曾盛极一时,有"千年盐都"之名。古镇依山而建,闲适幽静,红砂岩和木材建造的"一门一窗一铺台"建筑依然留存,武家大院和文庙等建筑见证着昔日的繁华,灰豆腐、盐焖鸡、梨醋等为当地特色美食。

③ 苍山
苍山洱海,就是大理的名片。苍山又称点苍山,是滇中高原和横断山脉的地理分界线。苍山十九峰,最低峰超过3000米,主峰马龙峰高达4122米,与山下的洱海落差达2000米,在景观上极具视觉冲击力。同时强烈的阳光和变幻的云团在此相遇,极易发生丁达尔效应。

④ 洱海
静卧于苍山脚下的洱海,属澜沧江水系,它形如新月,长约42公里,最深处达21米,是云南第二大高原淡水湖。洱海是白族人民的"母亲湖",独特的地理条件造就了洱海"三岛四洲五湖九曲"的秀美景观。作为茶马古道的重要节点,洱海滋养了大理坝子的文明。大理的风花雪月,归功于苍山洱海近乎完美的地理构造。

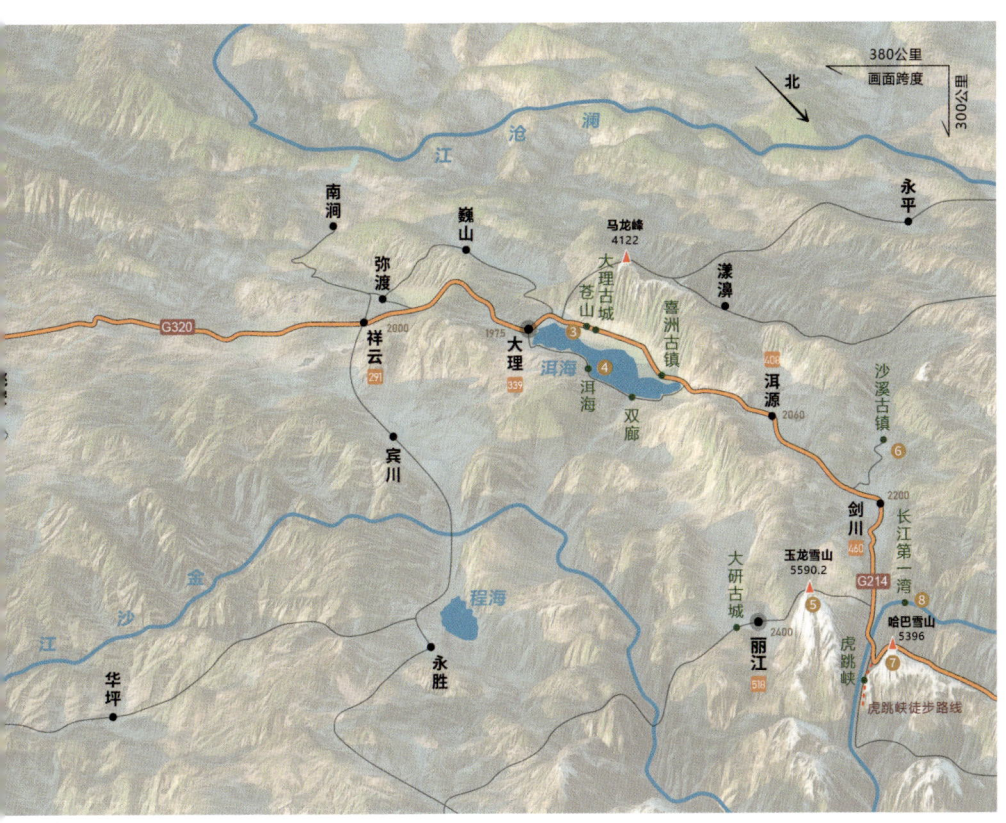

5 玉龙雪山

玉龙雪山位于丽江以北，主峰海拔5590.2米，发育有多条现代冰川，与哈巴雪山隔虎跳峡相望。玉龙雪山在纳西语中意为"天龙"，山体的石灰岩和玄武岩，黑白分明，又被称作"黑白雪山"。这座集冰川地貌和垂直生态系统于一体的神山，滋养了丽江广阔的良田，孕育了古老悠久的东巴文化。

6 沙溪古镇

沙溪古镇位于大理剑川县西南部，距大理古城约120公里，海拔2100米，是茶马古道上的千年驿站。寺登街被称为沙溪的"灵魂"，如今仍完整保留着原始风味的古戏台、玉津桥、兴教寺、欧阳大院等古建筑。沙溪古镇虽然有先锋书局、半山咖啡以及很多各具风格的民宿，但仍属于没有过度开发的古村落，拥有独特的静谧和闲适。

7 哈巴雪山

哈巴雪山位于香格里拉哈巴村，属横断山脉云岭余脉，主峰海拔5396米。"哈巴"一词出自纳西语，意为"黄金一样的花朵"。哈巴雪山以其险峻的雪峰、垂直分布的生态景观和巨大的海拔落差闻名。因其纬度低，气候相对温和，哈巴雪山一直被视为户外爱好者的入门级雪山。

8 长江第一湾

长江第一湾位于丽江石鼓镇，距丽江市区约50公里。奔腾的金沙江从雪域高原浩浩南流而下，在此突然江流逆转，形成罕见的马蹄形大拐弯，宛如一条巨龙转身。由于金沙江是长江的上游，因此得名"长江第一湾"。从这里开始，金沙江由南改为东流，从玉龙雪山和哈巴雪山之间穿过，形成著名的虎跳峡。

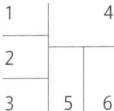

1. 黑井古镇 摄影/Cdf
2. 洱海双廊古镇 摄影/子晋
3. 哈巴雪山 摄影/Angeamour
4. 长江第一湾 摄影/神宾
5. 玉龙雪山和黑龙潭 摄影/Wei
6. 沙溪古镇 摄影/樊小喆

虎跳峡徒步

虎跳峡徒步被旅行者们称为"中国经典徒步路线"及"世界经典徒步路线"之一，沿途有相对完善的服务设施。无论是站在中途客栈（Half way）的阳台静候日落雪山，还是挑战天梯直面激流，这条路线都将以它的野性与诗意，成为你记忆最深刻的篇章。

经典徒步路线

高路徒步线：长胜村—纳西雅阁客栈—28道拐加油栈—茶马客栈—中途客栈—张老师客栈，全程约27公里，需2天。

茶马客栈：保留马帮文化，露台可远眺峡谷全景。

中途客栈：标志性住宿点，是观赏"日照金山"的最佳位置。

中虎跳探险段：张老师客栈—天梯—中虎跳石—168级梯—张老师客栈。

天梯：近乎垂直的钢梯（约10层楼高），需额外收费15元，适合追求刺激的徒步者。

一线天：狭窄崖壁步道，俯瞰江中巨石"发呆石"。

吊桥与栈道：近距离感受江水咆哮，部分路段需支付维护费10～15元。

虎跳峡徒步 ← 大理景观中心 ← 滇藏线

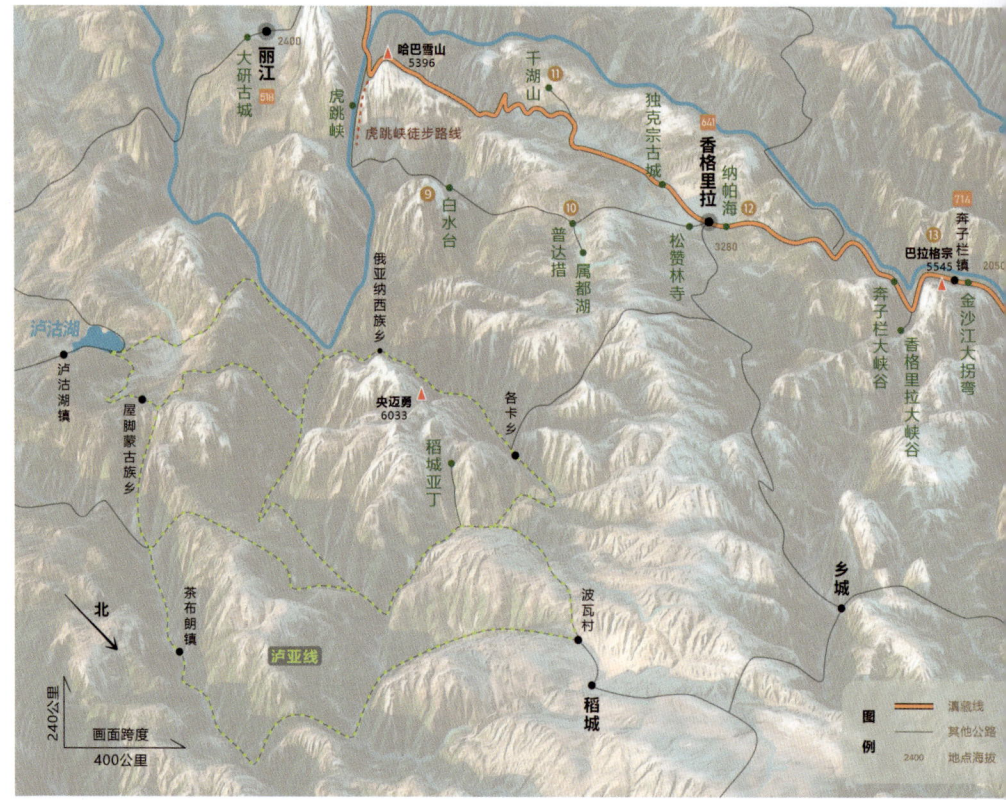

香格里拉景观中心

⑨ 白水台

位于香格里拉市三坝乡的白水台，海拔2380米。在这片罕见的钙华台地上，层层叠叠的乳白色梯田状水池，在阳光下宛如白玉，池水如蓝似绿，清澈的泉水与碳酸钙形成流动的绝美画卷，被当地的纳西族人民尊为"仙人遗田"。作为冷泉型淡水碳酸盐泉华台地之最，白水台是难得的地质奇观，但钙华层极为脆弱，需注意不可踩踏。

⑩ 普达措

普达措国家公园位于香格里拉市建塘镇，距离市区22公里，海拔3500米至4159米，属于比较成熟的景区。公园以属都湖、碧塔海和弥里塘亚高山牧场为主要景观，但并非都能进入，行前建议查询具体的开放信息。园区有木栈道，适合徒步，也可根据体能情况选择付费乘坐观光车以及游船。

⑪ 千湖山

位于香格里拉市小中甸镇的千湖山，已成为日渐热门的徒步天堂。这里平均海拔4000米，内有近300个高山湖泊，以三碧海、大黑海为中心分布，湖泊形态各异，被称为"高原湖泊王国"。千湖山拥有独特的高山生态系统，以高山草甸、杜鹃林和云杉、冷杉最具特色。

⑫ 纳帕海

纳帕海位于香格里拉市西北部，是横断山区典型的高原季节性湖泊，在藏语中意为"森林旁的湖泊"。纳帕海有"冬夏换装"的独特景观，夏季积雪融化形成湖泊，每逢秋冬，湖泊又会退化成大片的草甸和沼泽，为黑颈鹤等候鸟提供丰富的食物来源。

⑬ **巴拉格宗**
巴拉格宗位于香格里拉市尼西乡，距离市区约60公里。主要景点包括香格里拉大峡谷、形如金字塔的香巴拉佛塔雪山、巴拉村、回音壁及高空玻璃栈道。巴拉格宗大峡谷垂直海拔落差3300多米，壁立千仞，是横断山脉切割最深的地区之一。

⑭ **茨中教堂**
茨中教堂位于德钦县茨中村，海拔约2000米，是澜沧江峡谷中一座中西合璧的天主教堂。教堂始建于1867年，主体建筑融合了欧洲建筑形式、罗马教堂特色以及中式传统建筑风格、藏式风格等多种建筑风格，钟楼顶端的十字架与雪山相映成趣。这里被当地藏民称为"上帝的葡萄园"，至今仍种植着传教士当年从法国引入的玫瑰蜜葡萄，酿制葡萄酒是当地特色。

⑮ **盐井千年古盐田**
盐井千年古盐田位于西藏昌都市芒康县，G214澜沧江东西两岸，海拔约2300米。藏语称"擦卡洛"，意为生产盐的地方。盐田从江边而上，层次分明，形如梯田，有数千块之多，两岸盐井色彩泾渭分明，西岸为红，东岸偏白，从高空俯瞰，具有强烈的视觉冲击力。盐井天主教堂融合藏式与哥特式建筑风格，进入内部会有误入巴黎圣母院之感，盐井葡萄酒也是当地特产。

⑯ **曲孜卡温泉**
曲孜卡温泉位于西藏昌都市芒康县南部的澜沧江峡谷地带，海拔约2200米。面对澜沧江，背靠雪山，超过100眼温泉从山麓中涌出，泉水富含多种矿物质和微量元素。这里植被丰富，空气清新，海拔适宜，既能享受天然温泉疗养，又能远眺雪山，是茶马古道上重要的休憩地。

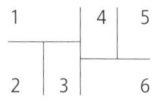

1. 纳帕海 摄影/嵘岩
2. 茨中教堂 摄影/枫桥
3. 千湖山 摄影/Along
4. 白水台 摄影/foblss
5. 盐井的盐田 摄影/Bellyu
6. 普达措 摄影/柴小闷

三江并流

英国探险家威廉·吉尔（William Gill）上尉是西方成功进入横断山区腹地的第一人。1877年8月29日，吉尔一行在巴塘粮台赵光燮带领的卫队护送下，经巴塘、阿墩子(今云南德钦)、东竹林寺、剑川、大理，到达缅甸，在其不朽著作《金沙江》中，详述了横断山区尤其是康藏地区的山川地理和风土人情。

国内学术界一般认为，最早发现"三江并流"者为1911年首次进入横断山区的金敦·沃德，但实际上，吉尔在《金沙江》中对这一地理奇观已有记载："金沙江、澜沧江和怒江，在相当狭窄的范围内，被高大的山脉隔开，紧挨着由北向南平行奔流。在这里，三条河具有相同的地理特征：它们就像地质时期大自然的若干次暴力抽搐劈裂了地表从而形成的几条大裂缝。"

金沙江、澜沧江、怒江在沙鲁里山、云岭、怒山、高黎贡山四大山脉的夹持下，被紧束于60～100公里的狭窄地带，平行流动近170公里，形成"四山并列、三江并流"的地理奇观。2003年7月，"三江并流"自然景观被列入《世界遗产名录》。

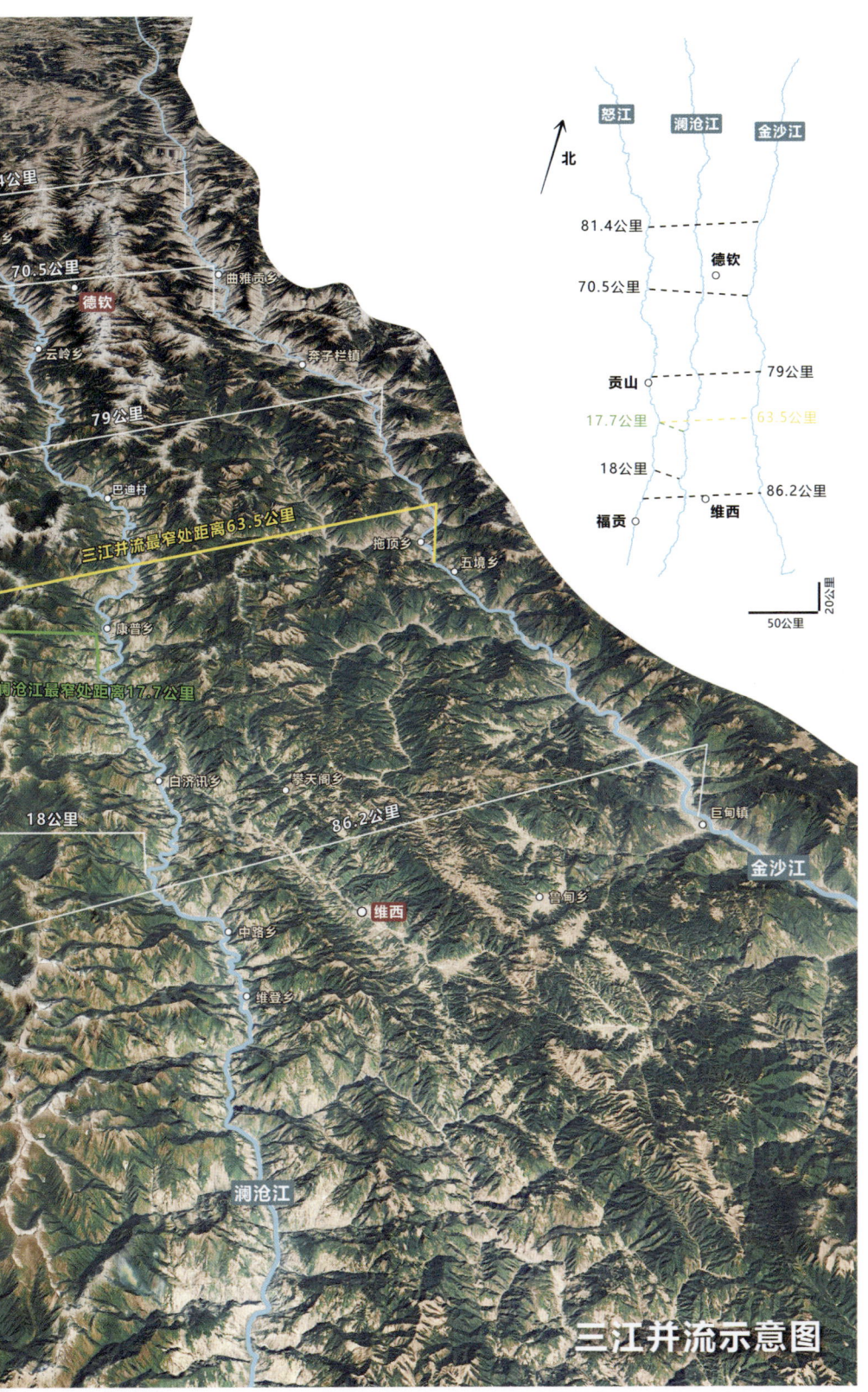

三江并流示意图

梅里雪山徒步

梅里雪山位于云南省德钦县与西藏察隅县的交界处，是藏传佛教四大神山之一，同时又极受徒步爱好者的青睐。每年6月和10月，是探访梅里雪山的最佳时节。以梅里雪山主峰卡瓦格博为中心，有多条徒步线路可供选择。

梅里外转，也被称为梅里大转，是传统的转经路线，全程约280公里，其中徒步100公里左右。传统的梅里外转至今已有七百多年历史，是一条信仰之路，朝圣之路，虽然部分路段可乘车，但整体仍需7～9天的徒步时间。

全新的梅里外转线，能以360°视角观看梅里雪山，线路包含了梅里内转雨崩、梅里北坡、梅里东坡、梅里南北线、梅里之心、甲应措改等，几乎将梅里雪山所有经典徒步路线涵盖其中。梅里新外转线，全长约200公里，全程需要翻越18个垭口，徒步24天，可谓徒步者的终极挑战。

梅里北坡路线更为成熟，商业化程度也较高，这条路线有多种选择，里程在30～60公里之间，预计需要3～5天的徒步时间。

梅里之心线，也被称为梅里南坡，因线路经过心形的许东措而得名，这条路线全程60～70公里，预计需要5～7天的时间。

传统的梅里外转徒步路线

D1：永久村—多亚拉垭口—永是通营地—马内通营地—多克拉垭口下营地

D2：多克拉垭口下营地—多克拉垭口—咱俗塘营地—作阿江德营地

D3：作阿江德营地—卢阿森拉垭口—曲那通营地—辛康拉垭口—阿丙村

D4：阿丙村—曲珠村—察瓦龙乡

D5：察瓦龙乡—堂堆拉垭口—格布村—扎热吉利营地

D6：扎热吉利营地—达古拉垭口—来得桥—来得村

D7：来得村—说拉垭口—扎西牧场营地—梅里水

1
—
2

1.阿丙村　摄影/何亦红
2.梅里东坡徒步　摄影/何亦红

梅里雪山徒步 ‹ 香格里拉景观中心 ‹ 滇藏线

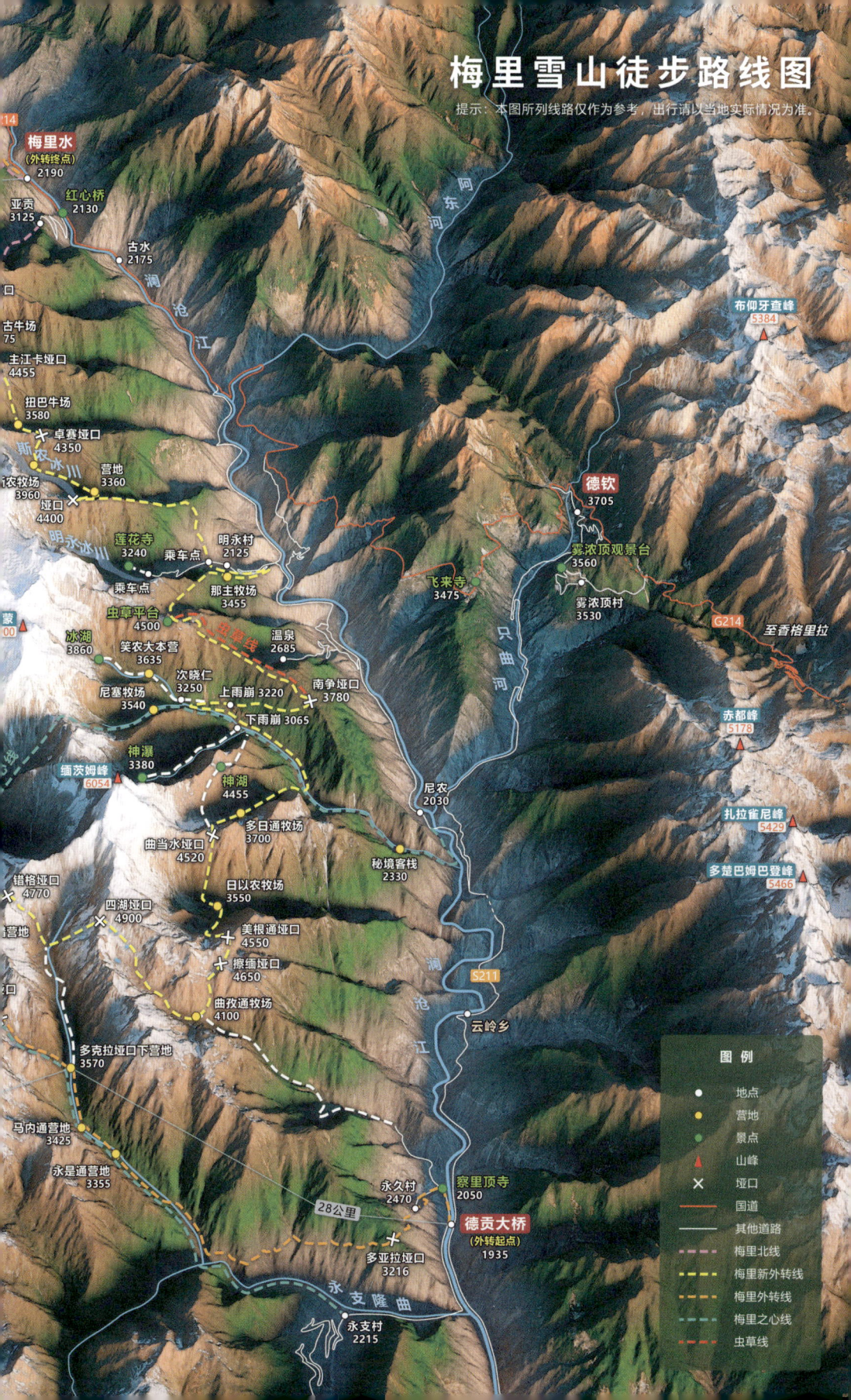

泸亚线：100年，重走洛克路

泸亚线，一个神秘而又充满吸引力的名字。它并不是在泸沽湖与稻城亚丁之间划了一条简单的连接线，而是融合了横断山区自然风光、人文民俗和极致驾驶体验的一条越野之路。

原始、壮阔、苍凉、绝美……使得这条曾十分艰险的越野路线，虽被誉为"第二条丙察察"，可自驾达人们依旧孜孜不倦地探索出多条线路，堪称越野圈的"科目二"。如今，随着道路升级，以及水泥路和柏油路的逐渐铺装，难度也降低了许多。

泸亚东线距离最长，从波瓦村经下通坝、茶布朗、瓦厂镇到泸沽湖。

泸亚中线从蒙自乡经格伊村、固增到泸沽湖，路况极具挑战性，除了充满越野的乐趣，还可以绕一小段路到玛娜茶金观景台看亚丁三神山仙乃日、央迈勇和夏诺多吉同框，如果有时间也有耐心，可以在观景台上露营，守候日照金山的出现。

泸亚沿河线走蒙自乡，经都鲁、水洛、宁朗到泸沽湖，此线路最接近两地间直线，距离最短，岔路口少，不易走错，但路况也最险，且除了艰险刺激，风景相对单调，因此走的人最少。

泸亚西线是目前路况最好也是自驾者选择最多的路。从俄初村依次经各卡乡、吉呷镇、依吉乡、屋脚蒙古族乡、前所村，最后到达泸沽湖。经过俄亚纳西族乡时，可以绕道几公里去探寻一下俄亚大村，这里有世界罕见的蜂窝状建筑群，全村200多户人家的房屋连为一体，保留着纳西族的古老文化，被称为"纳西族文化活化石"。进入俄亚大村，行走于蜂巢式建筑群之间，就像穿越到了某个神秘国度。

泸亚南线是泸亚西线的支线，从俄亚纳西族乡往西南方向就是三江口码头，车过渡船后走拉伯乡，再经永宁到达泸沽湖。

大概，一条你想要的西部自驾路线应该具备这些元素：雪山、冰川、湖泊、峡谷、河流、草甸、森林、村落以及古迹，而这些，泸亚线几乎全部包括。不算太长，风光绝美，这条美国探险家约瑟夫·洛克当年没有走完的线路，正在不断以更容易接近的方式，逐渐走进普通自驾者的生活。

附录

附录A 川滇藏自驾路线的高原反应及路线选择

一、高原的"3610"定律

随着海拔的增高,高原上水的沸点、气温、大气含氧量也会发生相应的变化,它们大致遵循"3610"定律。

海拔每升高1000米,水的沸点约下降3℃;在海拔3000米的地方,90℃水就开了,所以煮饭要用高压锅,才不会煮成夹生饭。

海拔每升高1000米,气温约下降6℃;海拔3000米的地方,气温比成都平原地区大致要低20℃,山下盛夏,山上却需要穿羽绒服。

海拔每升高1000米,大气含氧量约下降10个百分点;海拔3000米的地方,大气含氧量大约只有成都平原的70%,稍微快步走就会气喘吁吁。

二、高原反应风险分级

2500~2800米:Ⅰ级为高原反应低风险区,部分人会有轻微高原反应。

2800~3200米:Ⅱ级为高原反应较低风险区,大部分人会有轻微高原反应。

3200~3600米:Ⅲ级为高原反应中等风险区,大部分人会有高原反应。

3600~4400米:Ⅳ级为高原反应较高风险区,几乎所有人都有明显高原反应。

4400~4800米:Ⅴ级为高原反应高风险区,几乎所有人都有较为严重的高原反应。

从自驾旅行的角度来看,对于高原反应,我们把握四个海拔尺度即可。

海拔3000米以下通常是安全的。

海拔3500米通常会有高原反应，但总体安全。

海拔4000米以上尽量不要久留。

海拔4500米以上需要高度重视安全问题。

一旦有明显高原反应，吸氧是有效的应对方式。如果较为严重，要迅速前往海拔低于3000米的地方，海拔越低越好。

三、自驾路线的选择

从海拔的角度考虑，滇藏线和川藏南线的平均海拔是较低的，每天行程的住宿点基本在海拔3500米以下。即使翻越的山口会超过海拔4500米，但都是短暂停留，因此高原反应并不严重，风险总体可控。行程中的理塘、芒康、左贡等住宿点海拔在4000米左右，高原反应明显的旅行者要慎重选择。

川藏北线的平均海拔无疑是最高的，沿途的住宿点差不多都超过海拔3500米，特别是昌都以西的行程，平均海拔超过4000米，与青藏线差不多，因此对于大多数旅行者来说，并不是一个很好的选择。

川藏中线的平均海拔与川藏南线差不多，只是在嘉黎县以后才超过海拔4000米，但由于路况较差会加重高原反应，所以白玉以西的行程不适合大部分自驾旅行者。

如果您高反较为明显但时间充裕，也可以跨线选择，优先选择海拔较低的路线组合起来，这样虽然行程时间增多一些，但可以形成适合自己的独有路线，并有机会体验更多样的景观。

川滇藏自驾路线海拔与高原反应及沸点对应关系图

数据来源：《青藏高原大气氧分压及游客高原反应风险评价》（查瑞波 孙根年 董治宝 余志康）、《大气压和沸点及高度的关系》（郭铨）

注：含氧量为同体积空气中氧气量相对于海平面的比值

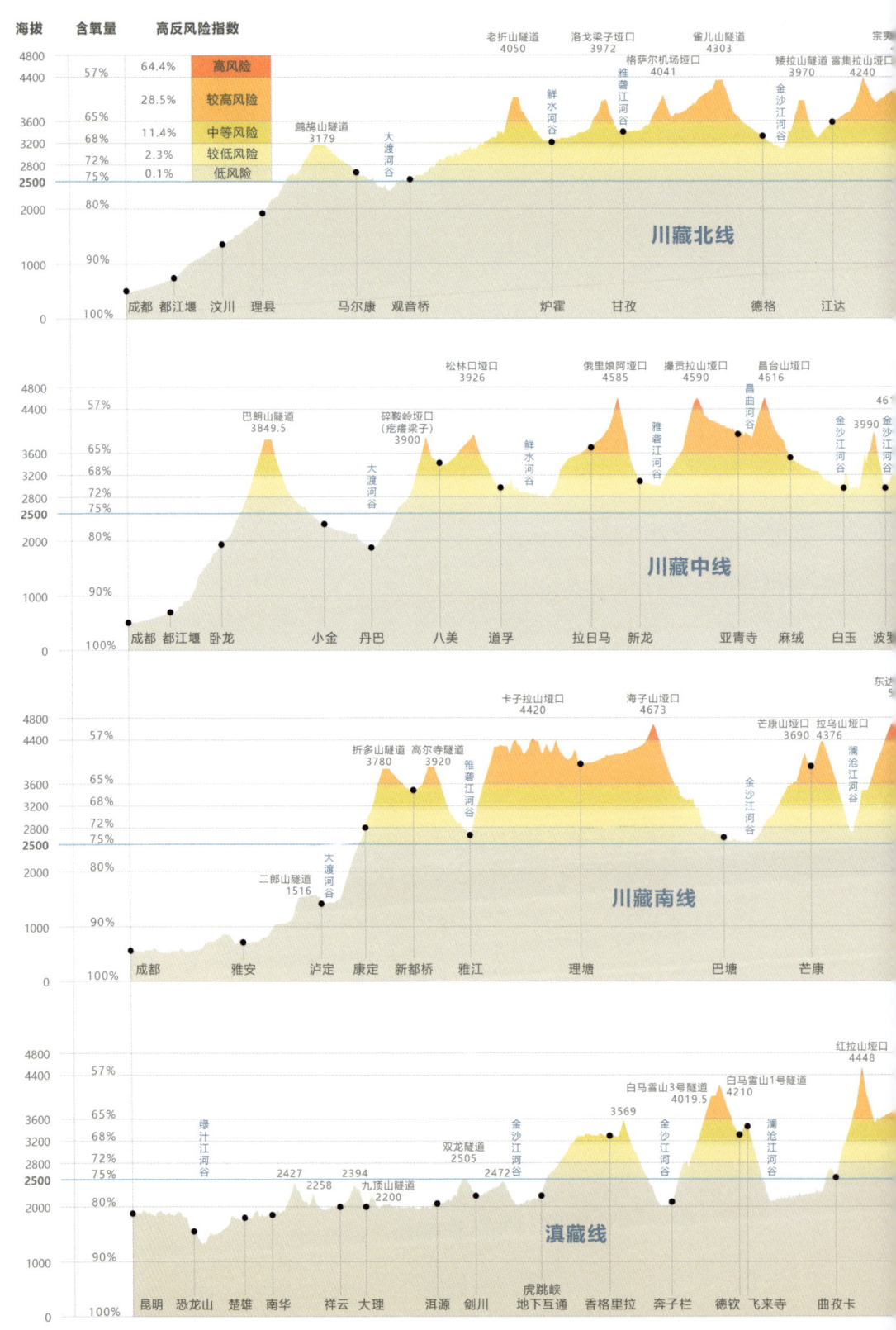

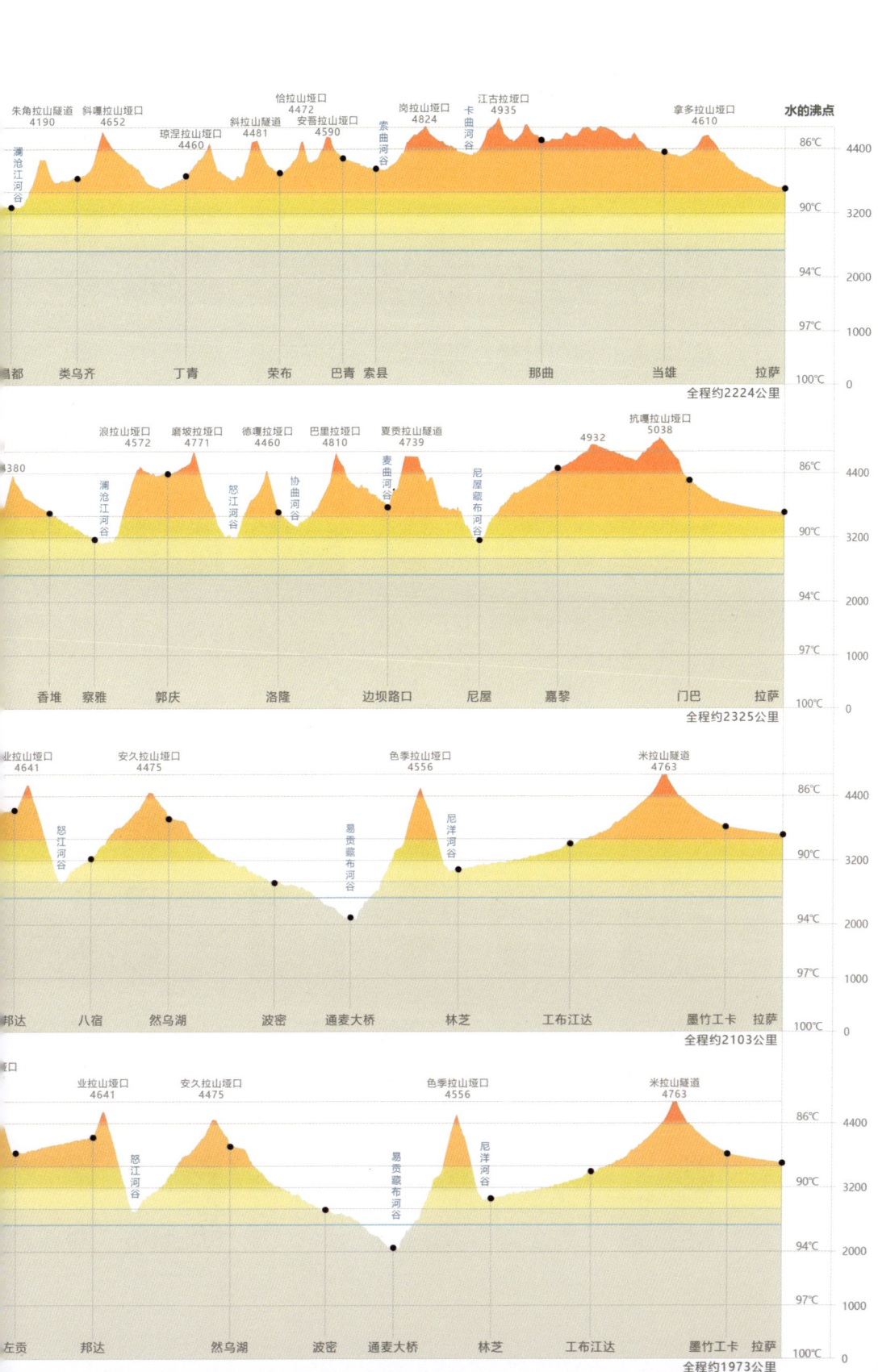

附录B 川滇藏百花汇：横断山域高山野生花卉名称对照图谱

荚莲
Viburnum dilatatum Thunb.

矮金莲花
Trollius farreri Stapf

川贝母
Fritillaria cirrhosa D.Don

驴蹄草
Caltha palustris L.

小丛红景天
Rhodiola dumulosa (Franch.) Fu

大花黄牡丹
Paeonia ludlowii D.Y.Hong

山莨菪
Anisodus tanguticus (Maxim.)Pascher

中国马先蒿
Pedicularis chinensis Maxim.

金露梅
Potentilla fruticosa L.

高原毛茛
Ranunculus tanguticus (Maxim.) Ovcz.

马缨杜鹃
Rhododendron delavayi Franch.

岩生忍冬
Lonicera rupicola Hook.f.et Thoms.

蒙古黄耆
Astragalus mongholicus Bunge

白花芍药
Paeonia sterniana Fletcher

雅江报春
Primula involucrata Wall. ex Duby subsp. *yargongensis* (Petitm.) W. W. Smith et Forr.

狭苞紫菀
Aster farreri W.W.Sm. et J.F.Jeffr.

狼毒
Stellera chamaejasme L.

红花绿绒蒿
Meconopsis punicea Maxim.

厚朴
Magnolia officinalis Rehd. et Wils.

流苏虾脊兰
Calanthe alpina Hook. f. ex Lindl.

西藏红豆杉
Taxus wallichiana Zucc.

使君子
Quisqualis indica L.

墨脱杜鹃
Rhododendron montroseanum Davidian

宝兴百合
Lilium duchartrei Franch.

条叶垂头菊
Cremanthodium lineare Maxim.

东俄洛橐吾
Ligularia tongolensis (Franch.) Hand.-Mazz.

天女花
Oyama sieboldii (K. Koch) N. H. Xia et C. Y. Wu

大百合
Cardiocrinum giganteum Makino

山茶花
Camellia sp.

高河菜
Megacarpaea delavayi Franch.

柳兰
Chamaenerion angustifolium (L.) Scop.

西南鸢尾
Iris bulleyana Dykes

华西蔷薇
Rosa moyesii Hemsl. et Wils.

匙叶银莲花
Anemone trullifolia Hook. f. et Thoms.

岩须
Cassiope selaginoides Hook. f. et Thoms.

美丽芍药
Paeonia mairei Lévl.

玉龙蕨
Sorolepidium glaciale Christ

百合属
Lilium

美丽绿绒蒿
Meconopsis speciosa Prain

香水月季
Rosa odorata (Andr.) Sweet

海棠花
Malus spectabilis (Ait.) Borkh.

丛枝角蒿
Incarvillea sinensis Lam.ssp. *variabilis* (Batalin) Grierson

豹子花
Nomocharis pardanthina Franch.

独花兰
Changnienia amoena Chien

千里光
Senecio scandens Buch.-Ham. ex D. Don

圆叶玉兰
Magnolia sinensis (Rehd. et Wils.) Stapf

野桂花
Osmanthus yunnanensis (Franch.) P.S.Green

泸定百合
Lilium sargentiae Wilson

桫椤
Alsophila spinulosa (Wall. ex Hook.) R. M. Tryon

山梅花
Philadelphus incanus Koehne

中华绣线梅
Neillia sinensis Oliv.

落新妇
Astilbe chinensis (Maxim.) Franch. et Sav.

延龄草
Trillium tschonoskii Maxim.

凤仙花
Impatiens balsamina Linn.

附录C 川滇藏百花汇：
横断山域高山野生花卉观赏地点及路线

29. 甘孜藏族自治州九龙县
伍须海
最佳观赏时间：4~9月
观赏地海拔：1500~4500米
主要观赏植物：杜鹃
报春 马先蒿 苞叶大黄

30. 甘孜藏族自治州泸定县
海螺沟、雅家埂
最佳观赏时间：3~10月
观赏地海拔：3200~4100米
主要观赏植物：杜鹃 报春 龙胆
光叶木兰 西康玉兰 绿绒蒿 美丽芍药
泸定百合 鸢尾蔷薇 紫堇 马先蒿
点地梅 岩须 金莲花 银莲花

31. 甘孜藏族自治州
康定县木格措风景区
最佳观赏时间：4~9月
观赏地海拔：2700~4500米
主要观赏植物：杜鹃 报春 龙胆
马先蒿 柳兰 角蒿 荚蒾

32. 甘孜藏族自治州
康定市、道孚县、丹巴县雅拉雪山
最佳观赏时间：6~8月
观赏地海拔：3200~3600米
主要观赏植物：杜鹃 马先蒿
藏波罗花 倒提壶 柳兰

33. 甘孜藏族自治州理塘县
毛垭大草原
最佳观赏时间：6~8月
观赏地海拔：4000~4500米
主要观赏植物：圆穗蓼 马先蒿

34. 甘孜藏族自治州巴塘县
措普国家森林公园
最佳观赏时间：5~8月
观赏地海拔：3500~4500米
主要观赏植物：杜鹃
雅江报春 红花龙胆 紫苞雪莲

35. 林芝市察隅县
慈巴沟国家级自然保护区
最佳观赏时间：4~8月
观赏地海拔：2700~4500米
主要观赏植物：杜鹃
龙胆 紫堇 黄牡丹

36. 昌都市八宿县
然乌湖湿地自然保护区
最佳观赏时间：6~8月
观赏地海拔：3850~4500米
主要观赏植物：杜鹃花

37. 林芝县、墨脱县、米林县、波密县
雅鲁藏布大峡谷国家级自然保护区
最佳观赏时间：
观赏地海拔：120~5
主要观赏植物：流苏虾脊兰 西藏
小丛红景天 大花黄牡丹 白
使君子 墨脱杜鹃 全缘叶绿绒蒿

38. 昌都市类乌齐
类乌齐马鹿国家级自然保
观赏地海拔：3500~4
主要观赏植物：杜鹃

39. 玉树藏族自治州
隆宝国家级自然保
最佳观赏时间：
观赏地海拔：4000~4
主要观赏植物：矮金莲花
驴蹄草 金蜡梅

40. 玉树藏族自治州
三江源国家级自然保
最佳观赏时间：
观赏地海拔：3335~6
主要观赏植物：小丛
唐古特虎耳草 鬼箭锦
川贝母 岩生忍冬 紫

26. 迪庆藏族自治州
香格里拉高山植物园
最佳观赏时间：5~8月
观赏地海拔：3300米
主要观赏植物：杓兰 报春
绿绒蒿 黄牡丹 鸢尾

27. 迪庆藏族自治州德钦县
梅里雪山自然保护区
最佳观赏时间：5~8月
观赏地海拔：1900~4500米
主要观赏植物：杜鹃 报春 龙胆 桃儿七
延龄草 条叶垂头菊 东俄洛橐吾

28. 甘孜藏族自治州稻城县
亚丁国家级自然保护区
最佳观赏时间：5~9月
观赏地海拔：2900~4500米
主要观赏植物：杜鹃 龙胆 雅江报春
桃儿七 八角莲 四川牡丹

23. 大理白族自治州大理市
苍山・洱海国家级自然保护区
最佳观赏时间：3~8月
观赏地海拔：1500~4000米
主要观赏植物：杜鹃 报春 龙胆
山茶花 百合 天女花 高河菜
兰花 杓兰 乌头 紫菀

24. 丽江市
玉龙雪山自然保护区
最佳观赏时间：4~9月
观赏地海拔：2400~4800米
主要观赏植物：杜鹃 龙胆 报春
山茶花 香水月季 桃儿七
黄牡丹 海棠花 乌头 豹子花

25. 迪庆藏族自治州德钦县、维西县
白马雪山国家级自然保护区
最佳观赏时间：4~8月
观赏地海拔：2000~4000米
主要观赏植物：杜鹃 美丽绿绒蒿
玉龙蕨 独叶草 光叶珙桐 紫葳莲
兜兰 豹子花 乌头 黄牡丹

19. 凉山彝族自治州会理市
龙肘山
最佳观赏时间：4~5月
观赏地海拔：150~3500米
主要观赏植物：杜鹃

20. 保山市
高黎贡山国家级自然保护区
最佳观赏时间：2~9月
观赏地海拔：1300~4000米
主要观赏植物：大树杜鹃 长蕊木兰
光叶珙桐 长喙厚朴 水青树 兰花

21. 大理白族自治州云龙县
云龙国家森林公园
最佳观赏时间：3~4月
观赏地海拔：600~3590米
主要观赏植物：滇藏木兰
长喙厚朴 十齿花

22. 大理白族自治州云龙县
云龙天池国家级自然保护区
最佳观赏时间：4~8月
观赏地海拔：2100~3600米
主要观赏植物：杜鹃 云龙报春
西康玉兰 长喙厚朴 荜拔

16. 毕节市
威宁彝族回族苗族自治县
草海国家级自然保护区
最佳观赏时间：3~5月
观赏地海拔：1400~1900米
主要观赏植物：杜鹃

17. 昆明市禄劝彝族苗族自治县
轿子山国家级自然保护区
最佳观赏时间：4~9月
观赏地海拔：2200~4300米
主要观赏植物：攀枝花苏铁 须弥红豆杉
杜鹃 西康玉兰 丁茜 乌蒙栎槲

18. 凉山彝族自治州西昌市
螺髻山国家级风景名胜区
最佳观赏时间：3~7月
观赏地海拔：1500~4359米
主要观赏植物：杜鹃 龙胆
报春 百合属 兰花

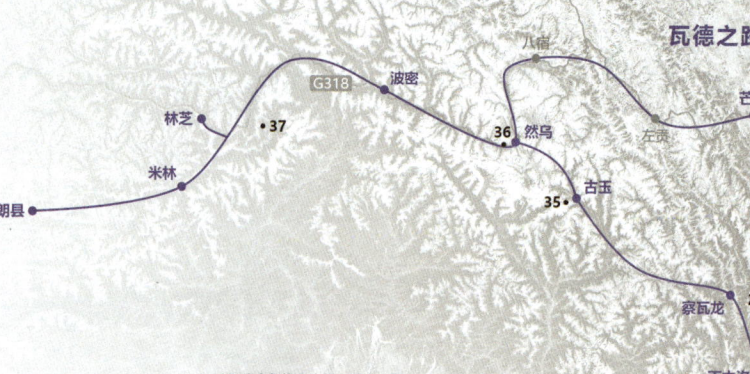

瓦德之路

福雷斯特之路

这是一本川滇藏自驾旅行的指南书。

本书包括纵横川滇藏的4条经典自驾长线、14条热门自驾短线，以及7条个性化徒步路线。书中将里程数据与景点景观相结合，规划出14个大景观中心，共包括544处标志景观及384座代表性山峰。海量点位，由52张地图标注展示，同时由百张摄影师作品及文字展现，方便查阅，读者可根据出行需求规划行程。

安全是旅行的首要因素。全路线海拔及风险等级标注，为旅行者提供准确参考；同时，本书将旅途与地理相结合，解读沿途重点景观的地理逻辑，让旅行回归应有的广度与深度。

由于川滇藏地区行程长、跨度大等特点，自驾是较为广泛的出行方式，但本书同样适用于骑行、徒步及其他自助出行等形式。

自驾川滇藏

审图号：GS京（2023）2313号

图书在版编目（CIP）数据

自驾川滇藏/地理公社编著．—北京：机械工业出版社，2025.9．—（自驾中国）．— ISBN 978-7-111-79013-6

I．K928.97

中国国家版本馆CIP数据核字第2025QP6046号

机械工业出版社（北京市百万庄大街22号　邮政编码100037）
策划编辑：宋晓磊　　　　　　　　责任编辑：宋晓磊　李宣敏
责任校对：李荣青　张雨霏　景　飞　责任印制：李　昂
装帧设计：鞠　杨
北京利丰雅高长城印刷有限公司印刷
2025年9月第1版第1次印刷
159mm×239mm・11印张・2插页・151千字
标准书号：ISBN 978-7-111-79013-6
定价：138.00元

电话服务　　　　　　　　　　　网络服务
客服电话：010-88361066　　　机　工　官　网：www.cmpbook.com
　　　　　010-88379833　　　机　工　官　博：weibo.com/cmp1952
　　　　　010-68326294　　　金　书　网：www.golden-book.com
封底无防伪标均为盗版　　　　　机工教育服务网：www.cmpedu.com